JN087818

高周波領域における

材料定数測定法

橋本　修 著

森北出版株式会社

●本書のサポート情報を当社Webサイトに掲載する場合があります．
下記のURLにアクセスし，サポートの案内をご覧ください．

https://www.morikita.co.jp/support/

●本書の内容に関するご質問は，森北出版 出版部「(書名を明記)」係宛に書面にて，もしくは下記のe-mailアドレスまでお願いします．なお，電話でのご質問には応じかねますので，あらかじめご了承ください．

editor@morikita.co.jp

●本書により得られた情報の使用から生じるいかなる損害についても，当社および本書の著者は責任を負わないものとします．

■本書に記載している製品名，商標および登録商標は，各権利者に帰属します．

■本書を無断で複写複製（電子化を含む）することは，著作権法上での例外を除き，禁じられています．複写される場合は，そのつど事前に(一社)出版者著作権管理機構（電話03-5244-5088，FAX03-5244-5089，e-mail：info@jcopy.or.jp）の許諾を得てください．また本書を代行業者等の第三者に依頼してスキャンやデジタル化することは，たとえ個人や家庭内での利用であっても一切認められておりません．

まえがき

本書は，マイクロ波・ミリ波帯における材料定数の測定法について，その基礎原理から実際の測定に至る内容を，マイクロ波・ミリ波技術者やEMC技術者等を対象に具体的な測定例を多く含めてまとめたものである．

近年のマイクロ波・ミリ波帯における電波利用の急増する中，これらの周波数帯における各種デバイスやEMC材料等の研究・開発において，材料定数測定の必要性はますます高くなってきている．しかし，今までこれらの測定分野において，測定の基礎原理から実際の測定に至る内容について，実用的かつ実践的な内容を盛り込んだ解説書は極めて少ない．そのため，実際に測定しようとする場合，測定原理が理解できても，種々のノウハウや実際の測定に即した技術内容が問題となり，精度の良い測定のできない場合が往々にして生じている．

そこで，本書では，このような背景から実際に測定する人の立場に立ち，単に測定原理の羅列にとどまらず，技術的ノウハウや実際の測定に即した技術内容，さらには具体的に高周波基板やEMC材料等の測定例を詳細に示している．内容的に本書では，材料定数の測定で一般的な導波管を使用する測定法，共振器を使用する測定法，そして自由空間における測定に分け，それぞれの説明において，原理の概要，原理の詳細，測定の実際，そして必要に応じて材料定数の導出プログラムを説明する構成としている．

以上，本書の特徴および内容について説明したが，最後に本書の執筆にあたり，第2章の同軸管反射法について執筆を頂いた日本電気 (株) 半杭 英二氏，第7章のレンズ法について執筆頂いた (株) 関東電子応用開発 近藤 昭治氏 並びに第8章のエリプソメトリー法の執筆に御助力頂いた三井化学工業 (株) 続山浩二氏に心から感謝する．また，本書の原稿を執筆するにあたり，学業の合間をぬって御助力頂いた青山学院大学 橋本研究室の酒井 泰二君，鈴木 圭君，土井 亨君，谷 健祐君，佐藤 篤樹君，近藤 明日香君に心から感謝する．

2003 年 7 月

橋本　修

本文中の掲載プログラムコードについては，下記アドレスにお問い合わせください．

hasimoto@ee.aoyama.ac.jp

目　　次

第1章

測定の概要

本章では誘電材料および磁性材料の材料定数 (複素誘電率 $\dot{\varepsilon}$ と複素透磁率 $\dot{\mu}$) の測定法について, その分類やそれぞれの測定法の概略と特徴, さらには各測定法の有効範囲等について概説する. また, 次章以降の測定法の理解に必要な伝送線理論についても説明する.

1.1 分類

材料定数を測定する方法は図 1.1 に示すように, 大きく 4 種類に分類できる. すなわち, それらの測定法には, 平行金属板間に試料を挿入し, その時の容量の変化を測定する平行金属板法, 同軸管や方形導波管のように伝送線路の一部に試料を挿入し, その時の反射波や透過波を測定する導波管法, 自由空間中に試料を配置し, その試料の反射波や透過波を測定する自由空間法, 共振器内に試料を挿入し, その時の共振周波数や Q 値を測定する共振器法などがある. そして, これらの測定法には, さらに詳細な分類があるが, (1) 導波管法では, 伝送線路の種類や線路の終端の取り扱いによる分類, (2) 自由空間法では, 測定に使用するアンテナの種類や, 反射波や透過波の測定量の種類による分類, (3) 共振器法では, 使用する共振器の種類や挿入する試料形状と寸法による分類等がある.

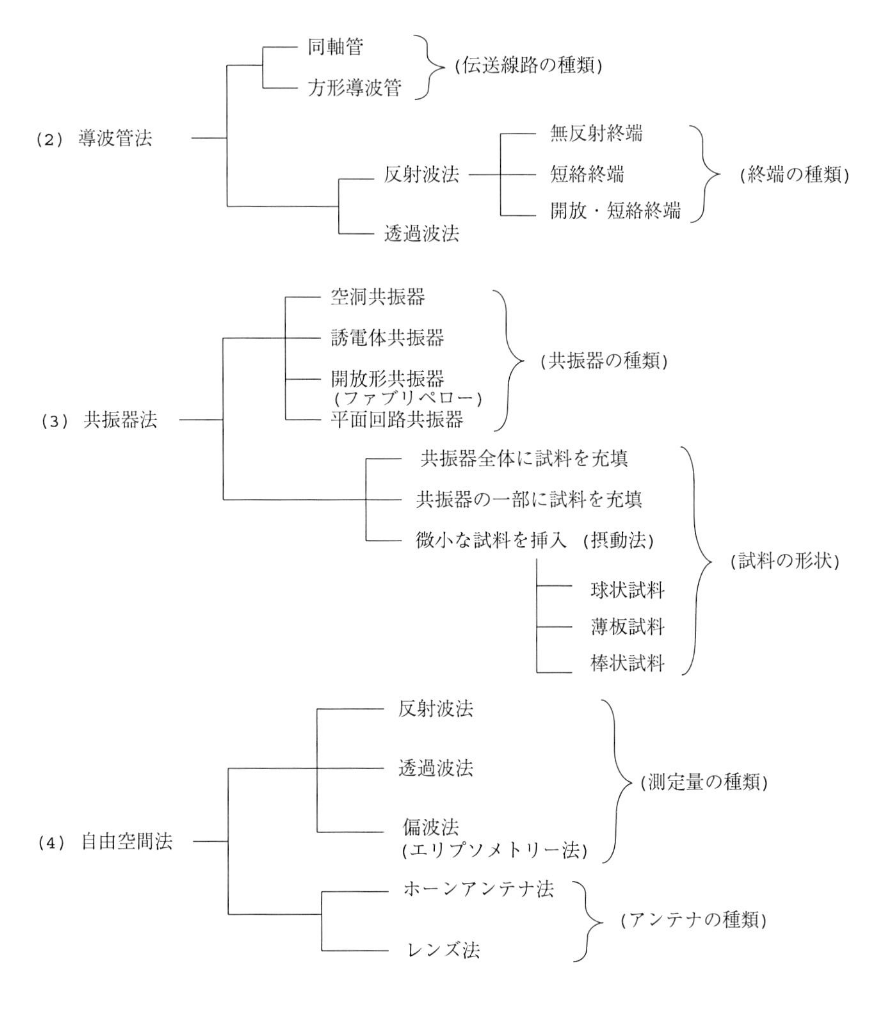

図 1.1　測定法の分類

1.2　各種測定法

1.2.1　平行金属板法

図 1.2 に示すように平行金属板法は，その金属板間に測定する誘電体を挟むことによりコンデンサを構成し，インピーダンスアナライザー等で測定した複素

インピーダンスに対応する静電容量から複素比誘電率を求める手法であり, 比較的簡便な測定系により 1mm 程度以上の厚さをもつ低損失な板状試料について比較的正確に測定できる. この方法では, 周波数が高くなる (MHz 帯) と, 誘電体と金属板の間隙の影響や金属板のエッジによる静電容量に起因する誤差の増大や系の自己共振の影響が大きくなるために, マイクロ波帯以上の周波数における測定には不向きである. しかし, MHz 帯においては導波管等を用いて立体的な伝送線路や共振器を実現することが困難であるため, この手法が一般的に用いられている.

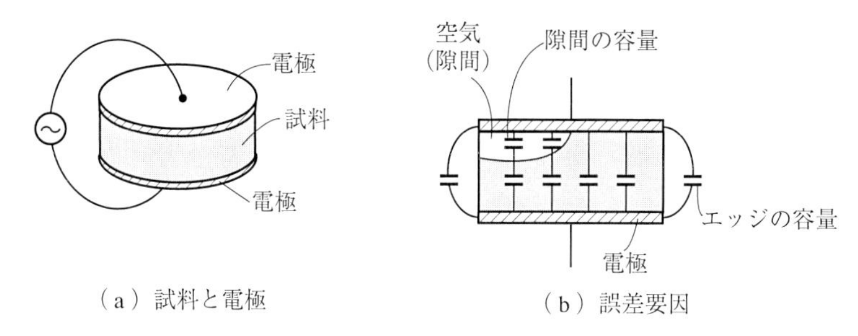

図 1.2 平行金属板法の概要

1.2.2 導波管法

図 1.3 に示すように, 導波管法は方形導波管や同軸管の途中や終端部に試料を挿入し, 定在波測定器やネットワークアナライザーにより定在波や反射 · 透過係数を測定することにより材料定数を測定する方法である. この測定法は, マイクロ波帯における高損失材料の測定に適しているが, 同軸管を用いた場合には基本モードである TEM モードにカットオフ周波数がないため, 比較的低い周波数 (MHz 帯) から広帯域で測定が可能である. また, 反射係数と透過係数の 2 つの測定や終端の種類を変えて測定することにより, 複素誘電率と複素透磁率を同時に測定することが可能である. 一方, 図 1.3 に示すように, 試料を導波管の寸法に合わせて加工する必要があり, 導波管壁面と試料の間隙や試料に変形があると, 大きな誤差要因になるために試料に高い加工精度が要求される. このため, 導波管の寸法が小さくなるミリ波帯の測定では, このような問題から測定法としては不向きである.

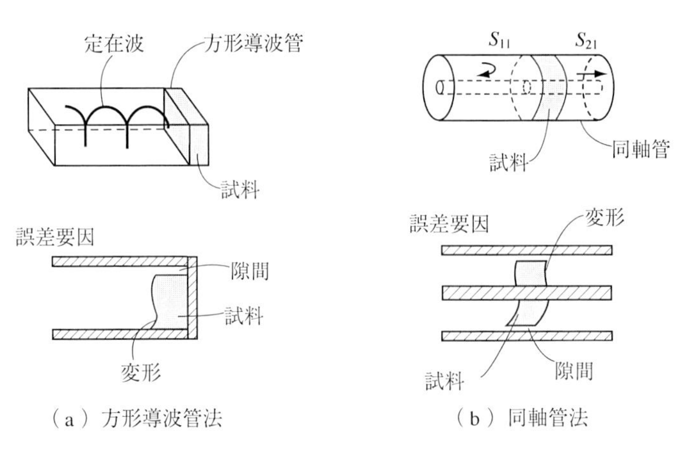

（a）方形導波管法　　（b）同軸管法

図 1.3　導波管法の概要

1.2.3　共振器法

図 1.4 に示すように共振器法は, 金属板に測定する誘電体を挟んだ構造や微小な寸法の試料を共振器の中に挿入した場合の共振周波数や Q 値から測定する方法であり, 前者は電磁界が金属板の半径方向に放射しないモードを用いて, 複素比誘電率を測定する. 後者は, 挿入した微小試料に対して摂動法と呼ばれる理論を用いて, 共振周波数や Q 値から測定するものであり, 比較的低損失な材料の測定に適している. 摂動法では共振器内の電磁界が乱されないように, 微小な測定試料を挿入する必要がある. これは, 材料定数を求める摂動公式の導出過程において, 試料挿入前後の電磁界が等しいとの仮定を用いているためである. また, ある共振周波数に対応する複素誘電率を測定するため, 限定された周波数における測定しかできない欠点がある.

1.2.4　自由空間法

図 1.5 に示すように, 自由空間に測定する試料を配置し, その試料に電波を照射したときの反射・透過波や偏波特性を測定し, その値から測定する方法である. 基本原理は導波管による方法と同じであるが, 試料はある程度の面精度がある平板でよく, 加工精度に縛られないことや, 導波管内や共振器内に試料を挿入する必要がないことから, ミリ波帯での測定にも有効な測定法である. ただし,

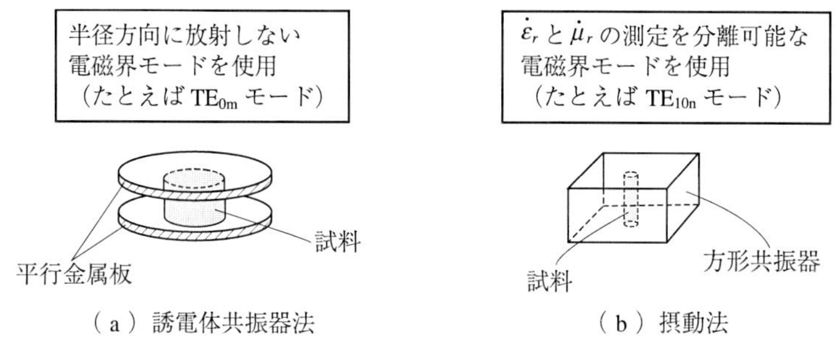

図 1.4　共振器法の概要

ミリ波帯のように波長が極めて短くなると，試料に対する電波の照射角度や試料配置時と非配置時の位置などについて正確な補正が必要となるため，測定治具に精度が要求される．一般にマイクロ波帯では送受信アンテナにホーンアンテナを，ミリ波帯ではホーンアンテナの他にビームを収束させるレンズアンテナを使用する．

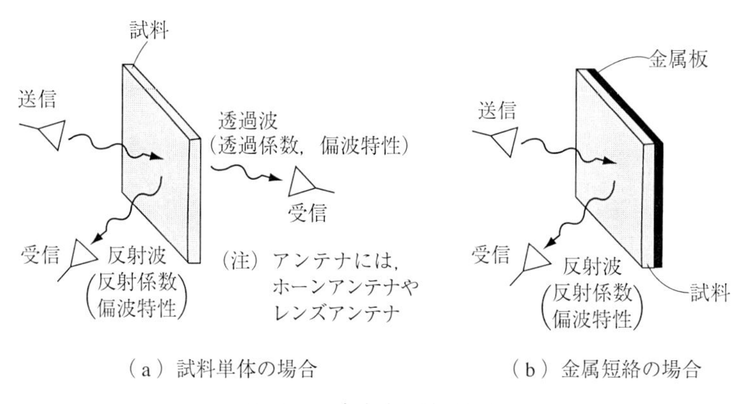

図 1.5　自由空間法の概要

1.3 測定範囲

各測定法の概略について簡単に説明したが, 実際の測定時には測定する試料の複素比誘電率や複素比透磁率の大きさやその測定周波数範囲, さらには測定精度なども考慮して図 1.1 で示した測定法の中から適切な方法を選ぶ必要がある. 図 1.6〜図 1.8 に各種測定法の測定可能な周波数や複素比誘電率の範囲の概略を示す. これらの図より測定する材料定数の大きさにより有効な測定法が大きく異なることがわかる. 例えば, 5GHz 帯において実部が 10〜20 程度, $\tan\delta$ が 10^{-3} 程度の低損失材料の測定を行う場合, 空洞共振器を用いた摂動法を用いると精度良く測定可能と判断できる. 一方, 10GHz 帯において電波吸収材に使用するような高損失材料の場合は, 方形導波管法で測定可能と判断できる.

1.4 伝送線理論と応用

材料定数の測定法の概要について説明を行ったが, 測定では図 1.3 と図 1.5 に示すように導波管内部に挿入された試料や空間に置かれた平板試料に電波が入射した場合の反射や透過の問題を理論的に扱う必要がある. その場合, これらの問題を伝送線路として扱うと大変便利である. すなわち図 1.9 を用いて電波を扱うマクスウェルの方程式の電界 $\boldsymbol{E}$ と磁界 $\boldsymbol{H}$, と伝送線路を扱う電信方程式の電圧 V と電流 I を比較してみる.

図 1.9 の (b) は, 分布定数線路における微小区間 dz を表したもので, それぞれは, 単位長あたりの抵抗 R [Ω/m], インダクタンス L [H/m], コンダクタンス G [S/m], キャパシタンス C [F/m] を示している. いまこの回路において, 電流は 1-1' 端から 2-2' 端方向へ流れるものとし, 1-1' 端における電圧と電流を V, I, また, 2-2' 端における電圧と電流を $V + dV$, $I + dI$ とする. この場合両端子間の素子を用いると, 電圧と電流は次のように書ける.

$$V = (R + j\omega L)dzI + (V + dV) \tag{1.1}$$

$$I = (G + j\omega C)dz(V + dV) + (I + dI) \tag{1.2}$$

ここで, $dz \cdot dV$ が極めて小さいことを考慮すると次式が得られる.

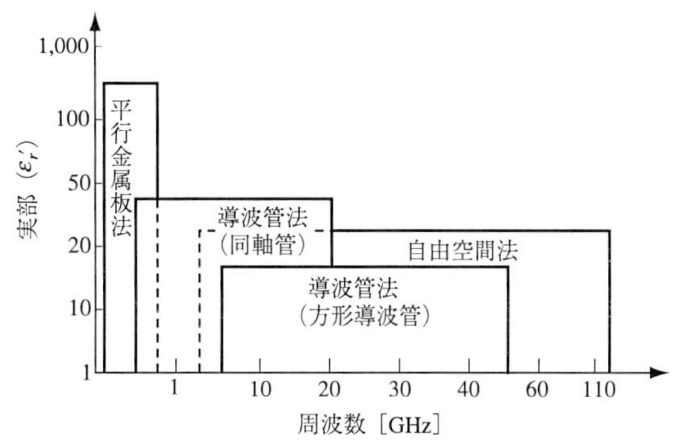

図 **1.6**　導波管法および自由空間法の測定可能範囲

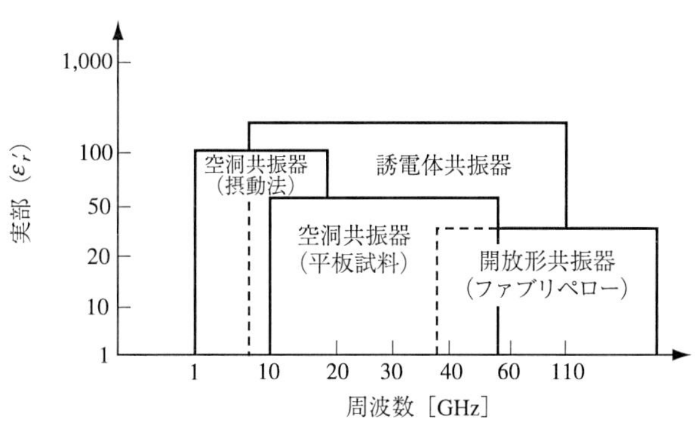

図 **1.7**　共振器法の測定可能範囲

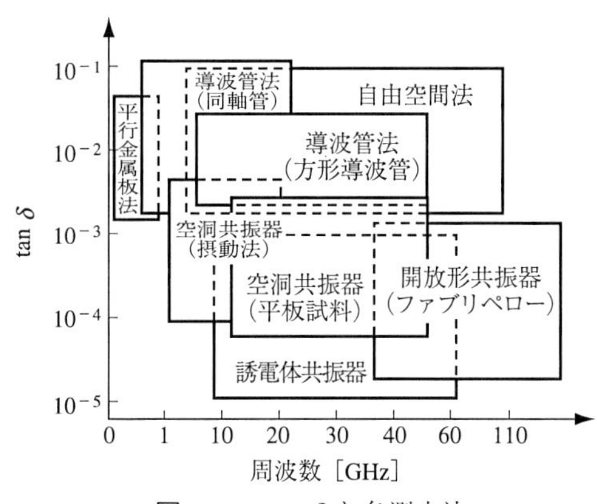

図 **1.8**　$\tan\delta$ と各測定法

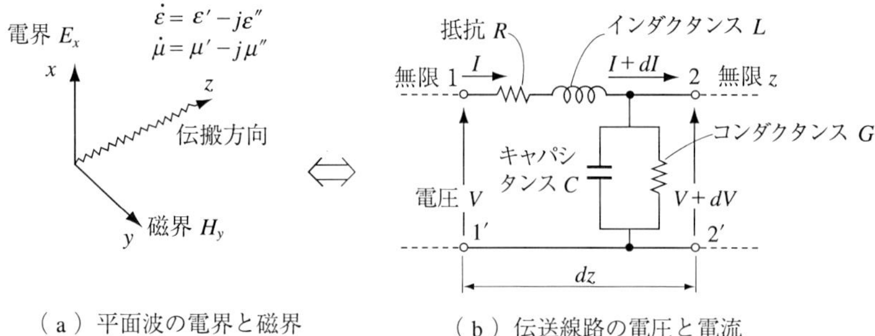

（a）平面波の電界と磁界　　（b）伝送線路の電圧と電流

図 1.9　平面波と伝送線路

$$\frac{dV}{dz} = -(R + j\omega L)I \tag{1.3}$$

$$\frac{dI}{dz} = -(G + j\omega C)V \tag{1.4}$$

一方, マクスウェルの方程式を用いて, この平面波についての解析を行うために, $\nabla \times \boldsymbol{E} = -\dot{\mu} d\boldsymbol{H}/dt$ を各成分に分解し表現すると, 次のようになる.

$$\nabla \times \boldsymbol{E} = \left(\frac{dE_z}{dy} - \frac{dE_y}{dz}\right)\boldsymbol{a}_x + \left(\frac{dE_x}{dz} - \frac{dE_z}{dx}\right)\boldsymbol{a}_y + \left(\frac{dE_y}{dx} - \frac{dE_x}{dy}\right)\boldsymbol{a}_z$$
$$= -\dot{\mu}\frac{d}{dt}(H_x\boldsymbol{a}_x + H_y\boldsymbol{a}_y + H_z\boldsymbol{a}_z) \tag{1.5}$$

ここで, 平面波は z 方向に伝搬を考えているので, $d/dt, d/dz$ 以外は零であることを考慮すると, 次の 2 つのスカラー方程式に分解できる.

$$\frac{dE_y}{dz} = \dot{\mu}\frac{dH_x}{dt} \tag{1.6}$$

$$\frac{dE_x}{dz} = -\dot{\mu}\frac{dH_y}{dt} \tag{1.7}$$

同様なプロセスで $\nabla \times \boldsymbol{H} = \dot{\varepsilon} d\boldsymbol{E}/dt$ をスカラー方程式に分解すると, 次式を得ることができる.

$$-\frac{dH_y}{dz} = \dot{\varepsilon}\frac{dE_x}{dt} \tag{1.8}$$

$$\frac{dH_x}{dz} = \dot{\varepsilon}\frac{dE_y}{dt} \tag{1.9}$$

これらの (1.6)〜(1.9) 式の 4 つのスカラー方程式を組み合わせて，平面波の解析が可能になるが，その組み合わせとして (1.6) 式と (1.9) 式および (1.7) 式と (1.8) 式が考えられる．すなわち，これら両者の組み合わせから例えば図 1.9(a) に示すような E_x および H_y に関する次の 2 つのスカラー方程式に着目すると (1.7) 式と (1.8) 式は次のようになる．

$$\frac{dE_x}{dz} = -j\omega\dot{\mu}H_y = -(\omega\mu'' + j\omega\mu')H_y \tag{1.10}$$

$$\frac{dH_y}{dz} = -j\omega\dot{\varepsilon}E_x = -(\omega\varepsilon'' + j\omega\varepsilon')E_x \tag{1.11}$$

これらの方程式を比較した表 1.1 からわかるように，電界と電圧，磁界と電流というように対応関係を考えてみると表 1.2 のように，それぞれの電磁界における材料定数 ($\dot{\varepsilon} = \varepsilon' - j\varepsilon'', \dot{\mu} = \mu' - j\mu''$) が伝送線定数 (R, G, C, L) と一定の対応関係をもっていることがわかる．そして，これらの対応関係から例えば，表 1.2 に示すように材料定数の実部 (ε' と μ') は電波の位相変化 (回路で言えば，C と L) に関係し，虚部 (ε'' と μ'') は電波の減衰 (回路で言えば，G と R) に対応していることが類推できる．

表 1.1　各方程式の比較

電信方程式の例	マクスウェル方程式の例
$dV/dz = -(R + j\omega L)I$	$dE_x/dz = -(\omega\mu'' + j\omega\mu')H_y$
$dI/dz = -(G + j\omega C)V$	$dH_y/dz = -(\omega\varepsilon'' + j\omega\varepsilon')E_x$

表 1.2　電波と分布定数線路との対応

$E \Longleftrightarrow V$	$\omega\mu'' \Longleftrightarrow R$	$\mu' \Longleftrightarrow L$
$H \Longleftrightarrow I$	$\omega\varepsilon'' \Longleftrightarrow G$	$\varepsilon' \Longleftrightarrow C$

このような考えから自由空間や導波管内を伝搬する電波に対する反射や透過の問題は，図 1.10 に示すように伝送線理論として単純化できることがわかる．

そして，さらに電波が複数の異種媒体の境界を通過するような場合でも伝送線理論を応用して取り扱いが可能となる．

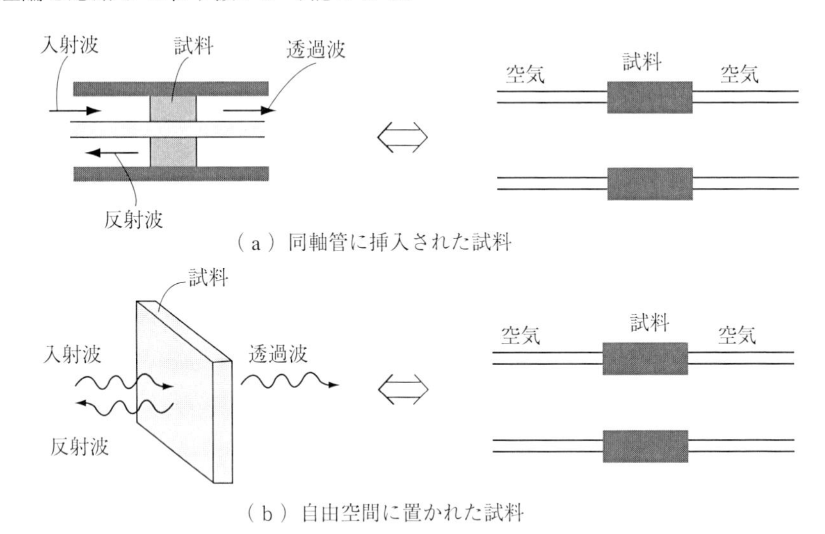

（a）同軸管に挿入された試料

（b）自由空間に置かれた試料

図 1.10　伝送線理論の反射・透過問題への応用

参考文献

[1]　清水 康敬，杉浦 行：“電磁妨害波の基本と対策”，コロナ社，pp.101-110 (1995).
[2]　橋本 修：“電波吸収体入門”，森北出版，pp.78-89 (1997).
[3]　橋本 修，川崎 繁男：“新しい電波工学”，培風館，pp.151-204 (1998).
[4]　橋本 修：“マイクロ波・ミリ波帯における測定技術”，リアライズ社，pp.2-24 (1998).
[5]　高木 相 監修：“電磁波の散乱・吸収計測と建築電磁環境”，コロナ社，pp.81-90 (2000).
[6]　橋本 修：“電波吸収体のはなし”，日刊工業新聞社，pp.67-109 (2001).
[7]　“アジレントテクノロジーカタログ” (2002).

第2章

同軸管反射法

本章では，同軸管反射法を用いた試料の複素誘電率と複素透磁率の測定について説明する．この測定法は，MHz 帯と比較的周波数が低いとき有効な方法であり，管内の電磁界分布を考慮して試料の挿入位置を調整することにより，より高精度な測定が可能となる．

2.1　測定の概要

同軸管は，基本的な伝送線路の 1 つであり，図 2.1 に示すように，内導体および外導体で構成される．電磁界は内導体－外導体間に存在し，電界 $\boldsymbol{E}$ は放射状に，磁界 $\boldsymbol{H}$ は周方向に分布する．同軸管内では，電界，磁界がともに，軸方向に垂直な面内にあるため，TEM モードの波が伝搬する．管内における電磁界は，管内に挿入した試料が有する材料定数の値などにより変化する．このため，その変化量を測定することにより，複素誘電率や複素透磁率の測定が可能となる．変化量としては，試料表面におけるインピーダンス (アドミタンス) や

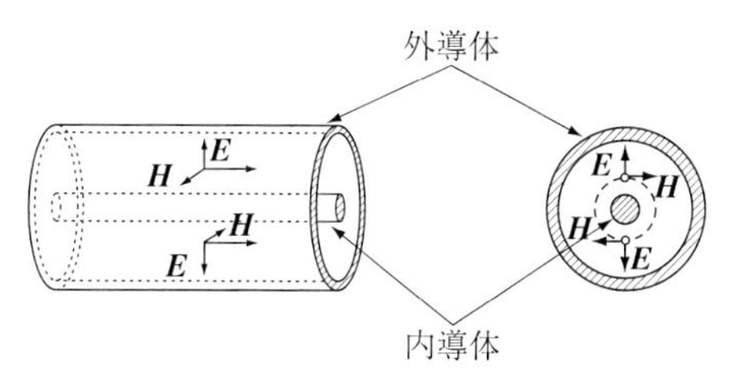

図 2.1　同軸管と TEM 波

反射係数を観測し，伝送線理論に基づいた式により，材料定数を算出する．

一般に，磁界は主に透磁率の値による変化量が大きく，また，電界は主に誘電率の値による変化量が大きい．したがって，透磁率を測定する際は，同軸管内の磁界が集中する箇所に試料を配置し，また誘電率を測定する際は，電界が集中する箇所に試料を配置することがポイントとなる．同軸管を用いた場合，終端を短絡板で短絡すると，管内には，図 2.2 に示すような定在波が生じ，終端は磁界の強い短絡端 (磁界最大，電界最小) となる．このため，複素透磁率の測定では，試料を短絡端付近，すなわち，短絡板の前面に配置する．一方，複素誘電率の測定の場合は，電界の強い開放端 (磁界最小，電界最大) に試料を配置すれば良く，原理的には，短絡板から $\lambda/4$ だけ離れた位置が，開放端となる．

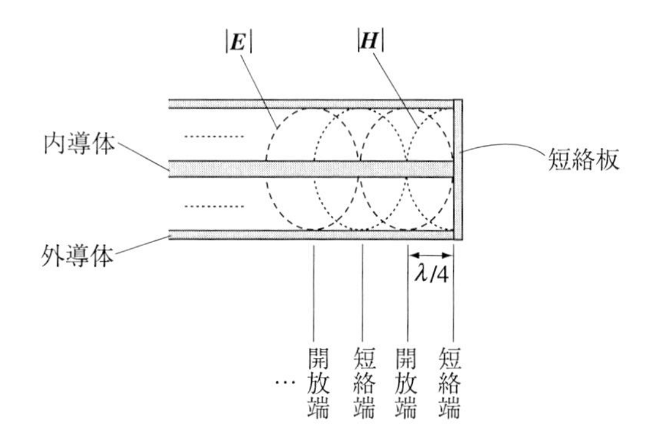

図 **2.2**　同軸管内の電磁界

2.2　測定の詳細

2.2.1　同軸管

(a) 特性インピーダンス

1.4 節で示した伝送線理論における (1.3) 式，(1.4) 式において，これらの両辺を z で微分した連立方程式について，電圧または電流の一方を消去すると，次式のような V と I に関する 2 階線形微分方程式を得る．

$$\frac{d^2V}{dz^2} = (R + j\omega L)(G + j\omega C)V \tag{2.1}$$

$$\frac{d^2I}{dz^2} = (R + j\omega L)(G + j\omega C)I \tag{2.2}$$

ここで，伝搬定数を $\dot{\gamma}$ とおくと

$$\dot{\gamma} = \sqrt{(R + j\omega L)(G + j\omega C)} \tag{2.3}$$

(2.1) 式の解は，良く知られているように，進行波と後退波の線形結合の形となり，A，B を任意定数として，次式を得る．

$$V = Ae^{-\dot{\gamma}z} + Be^{+\dot{\gamma}z} \tag{2.4}$$

同様に，電流 I の解も求まるが，これは，(2.4) 式を (1.3) 式へ代入することにより，

$$\begin{aligned} I &= \frac{1}{-(R + j\omega L)}\frac{dV}{dz} = \frac{\dot{\gamma}}{R + j\omega L}(Ae^{-\dot{\gamma}z} - Be^{+\dot{\gamma}z}) \\ &= \sqrt{\frac{G + j\omega C}{R + j\omega L}}(Ae^{-\dot{\gamma}z} - Be^{+\dot{\gamma}z}) \\ &= \frac{1}{\sqrt{\dfrac{R + j\omega L}{G + j\omega C}}}(Ae^{-\dot{\gamma}z} - Be^{+\dot{\gamma}z}) \end{aligned} \tag{2.5}$$

となる．ここで，右辺の分母が，線路の特性インピーダンスを表す項であり，この特性インピーダンス $\dot{Z}_c$ は次式となる．

$$\dot{Z}_c = \sqrt{\frac{R + j\omega L}{G + j\omega C}} \tag{2.6}$$

本章で取り扱っているような無損失線路では，(2.6) 式中の抵抗 R，コンダクタンス G は無視できる．このため，特性インピーダンスは，次式に示すように，単位長あたりのインダクタンス L [H/m] と，単位長あたりのキャパシタンス C [F/m] との比で求まる．

$$Z_c = \sqrt{\frac{L}{C}} \tag{2.7}$$

このように，同軸管の特性インピーダンスの算出は，単位長当たりのインダクタンス L [H/m] とキャパシタンス C [F/m] の計算をすることに帰着する．そこで，図 2.3 に示すような，内導体の直径 (内径) が a，外導体の内側の直径 (外径) が b である同軸管において両導体間に空気が満たされている場合の L，C を求めてみる．

(b) L の計算

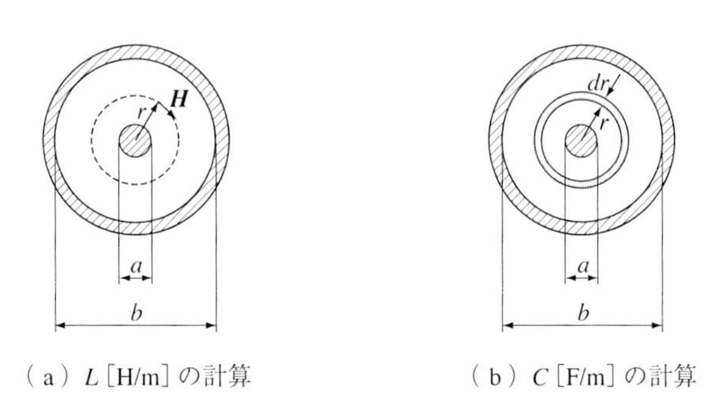

（a）L [H/m] の計算　　（b）C [F/m] の計算

図 2.3　同軸管内における L と C の計算

内導体に流れる電流を I とすると，図 2.3(a) に示すように，内導体の中心軸から r だけ離れた点における磁界の強さ H は，アンペアの周回積分法則から，次のように求まる．

$$H = \frac{I}{2\pi r} \tag{2.8}$$

また，この点における磁束密度 B は，透磁率 μ_0 $(4\pi\times 10^{-7})$ を用いると，

$$B = \mu_0 H = \mu_0 \frac{I}{2\pi r} \tag{2.9}$$

と計算できる．このため，内導体－外導体間に存在する磁束数 (線路長 1 m あたり) ϕ は，

$$\phi = \int_{a/2}^{b/2} \frac{\mu_0 I}{2\pi r} dr = \frac{\mu_0 I}{2\pi} \ln \frac{b}{a} \tag{2.10}$$

となる．したがって，単位長当たりのインダクタンス L は，以下のようになる．

$$L = \frac{\phi}{I} = \frac{\mu_0}{2\pi} \ln \frac{b}{a} \tag{2.11}$$

(c) C の計算

一方，キャパシタンス C は，図 2.3(b) に示すように，内導体の中心軸から r だけ離れた位置の円筒と，微小距離 dr だけ離れた位置の円筒とを対向した極板として取り扱い，これら極板が作る微小容量から求める．

いま，線路の長さを 1 m とし，微小距離 dr を非常に小さいものとすると，対向した極板面積は，近似的に，内側の円筒の側面積にほぼ等しいと考えて良く，2 つの円筒における微小容量 dC は，

$$dC = \varepsilon_0 \frac{2\pi r \cdot 1}{dr} \tag{2.12}$$

となる (ただし，$\varepsilon_0 = 8.854 \times 10^{-12}$)．また，$dC$ を変形し，その逆数をとると，

$$\frac{1}{dC} = \frac{1}{2\pi\varepsilon_0 r} dr \tag{2.13}$$

と書ける．このため，内導体と外導体間における容量は，dC の合成容量として扱ってよいから，キャパシタンス C は，以下のようになる．

$$\frac{1}{C} = \int_{a/2}^{b/2} \frac{1}{2\pi\varepsilon_0 r} dr = \frac{1}{2\pi\varepsilon_0} \ln \frac{b}{a} \tag{2.14}$$

したがって，同軸管の特性インピーダンスは，(2.11) 式および (2.14) 式を (2.7) 式に代入することにより，以下のように，内径，外径の寸法比から簡単に計算することができる．

$$\begin{aligned} Z &= \sqrt{\frac{L}{C}} = \sqrt{\left(\frac{\mu_0}{2\pi} \ln \frac{b}{a}\right) \times \left(\frac{1}{2\pi\varepsilon_0} \ln \frac{b}{a}\right)} \\ &= \frac{1}{2\pi} \sqrt{\frac{\mu_0}{\varepsilon_0}}\ \ln \frac{b}{a} = \frac{1}{2\pi} 120\pi \cdot \ln \frac{b}{a} = 60 \cdot \ln \frac{b}{a} \end{aligned} \tag{2.15}$$

2.2.2　入力インピーダンス

図2.4に示すように，線路の特性インピーダンスが Z_0，伝搬定数が $\dot{\gamma_0}$ である無損失の同軸管 (伝送線路) を考える．ここで，(a) は終端に負荷を接続したときの同軸管モデルであり，(b) は同軸管モデルを回路的に表現したときの伝送線路モデルである．

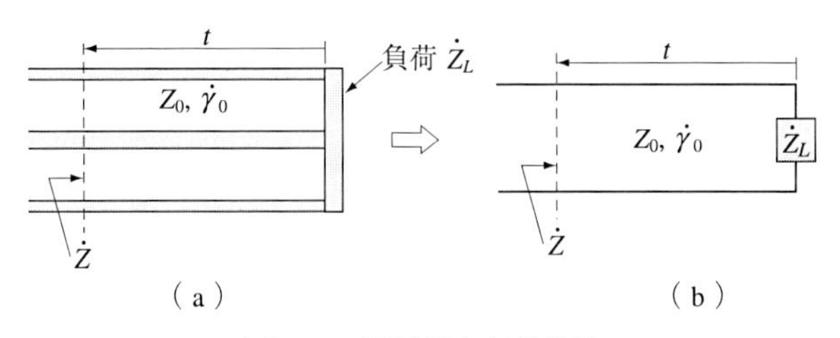

図 **2.4**　同軸管と伝送線路

同図に示すように，同軸管の終端に負荷 $\dot{Z}_L$ を接続した場合，終端から距離 t の位置より終端側を見たときの入力インピーダンス $\dot{Z}$ は，伝送線理論により，以下のようになる．

$$\dot{Z} = Z_0 \frac{\dot{Z}_L + Z_0 \cdot \tanh(\dot{\gamma_0} t)}{Z_0 + \dot{Z}_L \cdot \tanh(\dot{\gamma_0} t)} \tag{2.16}$$

ただし，

$$Z_0 = \sqrt{\frac{\mu_0}{\varepsilon_0}} = 120\pi : \text{特性インピーダンス}$$

$$\dot{\gamma_0} = j\frac{2\pi}{\lambda} : \text{伝搬定数,} \quad \lambda : \text{波長}$$

$$\varepsilon_0 = 8.854 \times 10^{-12} : \text{真空の誘電率}$$

$$\mu_0 = 4\pi \times 10^{-7} : \text{真空の透磁率}$$

この線路の終端を短絡端 (ショート端) とした場合は，(2.16) 中の $\dot{Z}_L$ が零になるため，短絡端から t だけ離れた位置における入力インピーダンスは，次式を得る．

$$\dot{Z} = Z_0 \tanh(\dot{\gamma_0} t) \tag{2.17}$$

2.2.3 短絡法

ここでは，まず最初に，終端を短絡した同軸管を用いた場合の複素透磁率の測定法を示す．

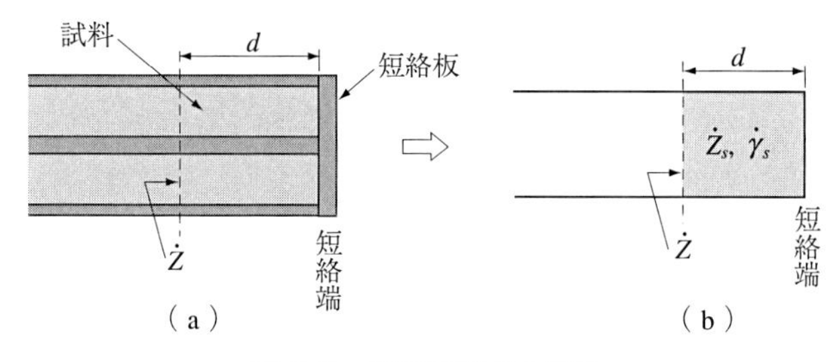

図 2.5 複素透磁率の測定

図 2.5 に示すように，磁性体試料を短絡板上 ($t = 0$ の位置) に設置し，試料厚さを d，複素比誘電率および複素比透磁率をそれぞれ $\dot{\varepsilon}_r \,(= \varepsilon_r' - j\varepsilon_r'')$，$\dot{\mu}_r \,(= \mu_r' - j\mu_r'')$ とすると，試料表面におけるインピーダンスは，次のようになる．

$$
\begin{aligned}
\dot{Z} &= \dot{Z}_s \cdot \tanh(\dot{\gamma}_s d) \\
&= Z_0 \sqrt{\frac{\dot{\mu}_r}{\dot{\varepsilon}_r}} \cdot \tanh\left(j\frac{2\pi d}{\lambda}\sqrt{\dot{\mu}_r \dot{\varepsilon}_r}\right) \\
&= jZ_0 \sqrt{\frac{\dot{\mu}_r}{\dot{\varepsilon}_r}} \cdot \tan\left(\frac{2\pi d}{\lambda}\sqrt{\dot{\mu}_r \dot{\varepsilon}_r}\right) \qquad (2.18)
\end{aligned}
$$

ただし，

$$
\dot{Z}_s = \sqrt{\frac{\mu_0 \dot{\mu}_r}{\varepsilon_0 \dot{\varepsilon}_r}} = Z_0 \sqrt{\frac{\dot{\mu}_r}{\dot{\varepsilon}_r}} \quad \text{：試料中の特性インピーダンス}
$$

$$
\dot{\gamma}_s = j\frac{2\pi}{\lambda}\sqrt{\dot{\mu}_r \dot{\varepsilon}_r} \quad \text{：試料中の伝搬定数}
$$

(2.18) 式を規格化インピーダンス $\dot{z}$ で表すと，これは，基準インピーダンス Z_0 で割ったものに相当し，

$$
\begin{aligned}
\dot{z} &= \dot{Z}/Z_0 = \dot{Z}_s \tanh(\dot{\gamma}_s d)/Z_0 \\
&= j\sqrt{\frac{\dot{\mu}_r}{\dot{\varepsilon}_r}} \cdot \tan\left(\frac{2\pi d}{\lambda}\sqrt{\dot{\mu}_r \dot{\varepsilon}_r}\right) \qquad (2.19)
\end{aligned}
$$

を得る．ここで，$\theta = \dfrac{2\pi d}{\lambda}\sqrt{\dot{\mu}_r \dot{\varepsilon}_r}$ とおくと，(2.19) 式は，

$$\begin{aligned}\dot{z} &= j\sqrt{\frac{\dot{\mu}_r}{\dot{\varepsilon}_r}} \cdot \tan\theta \cdot \frac{\theta}{\theta} = j\sqrt{\frac{\dot{\mu}_r}{\dot{\varepsilon}_r}} \cdot \frac{\tan\theta}{\theta} \cdot \theta \\ &= j\sqrt{\frac{\dot{\mu}_r}{\dot{\varepsilon}_r}} \cdot \frac{\tan\theta}{\theta} \cdot \frac{2\pi d}{\lambda}\sqrt{\dot{\mu}_r \dot{\varepsilon}_r} = j\dot{\mu}_r \frac{2\pi d}{\lambda}\frac{\tan\theta}{\theta} \qquad (2.20)\end{aligned}$$

と書ける．

このとき，θ を十分小さいとすると，右辺の $\tan\theta/\theta$ は1に近づく．

$$\frac{\tan\theta}{\theta} \quad \rightarrow \quad 1 \qquad (2.21)$$

したがって，このような条件のもとでは，(2.20) 式は，以下のようになる．

$$\begin{aligned}\dot{z} &= j\dot{\mu}_r \frac{2\pi d}{\lambda} \cdot 1 = j(\mu_r' - j\mu_r'') \cdot \frac{2\pi d}{\lambda} \\ &= \frac{2\pi d}{\lambda} \cdot \mu_r'' + j\frac{2\pi d}{\lambda} \cdot \mu_r' \qquad (2.22)\end{aligned}$$

これより複素比透磁率 (μ_r', μ_r'') は，磁性体試料表面におけるインピーダンスの抵抗，リアクタンスを測定することにより，算出できることがわかる．このように，複素比透磁率 $\dot{\mu}_r$ を算出する際は，$\tan\theta/\theta$ を1と近似できる範囲内であれば，磁性体が有する複素比誘電率 $\dot{\varepsilon}_r$ の影響から分離して $\dot{\mu}_r$ の測定を行うことができる．

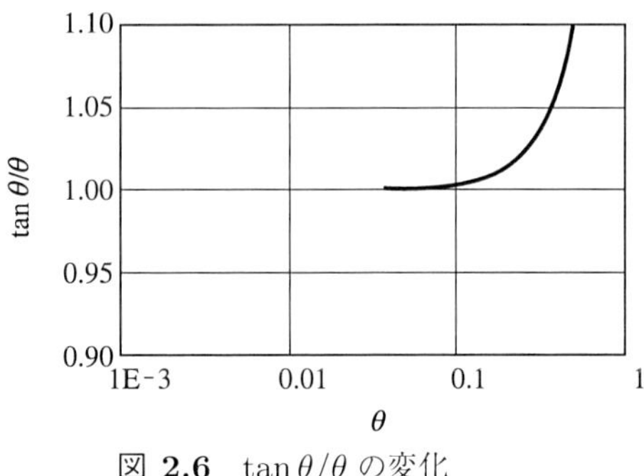

図 **2.6**　$\tan\theta/\theta$ の変化

図2.6は，近似における誤差範囲を調べるため，θ に対する $\tan\theta/\theta$ の関係を示

したものである．θ が 0.1 以上に大きくなると，$\tan\theta/\theta$ は 1 からのズレが徐々に大きくなり，θ をさらに増加していくと，$\tan\theta/\theta$ を 1 と近似する過程において，大きな誤差が生じることがわかる．例えば，$\theta = 0.3$ の場合は，$\tan\theta/\theta \fallingdotseq 1.03$ であり，近似の過程において，約 3 %の誤差が生じ，また，$\theta = 0.5$ の場合は，$\tan\theta/\theta \fallingdotseq 1.093$ であり，誤差は約 9 %に達してしまう．一方，$\theta < 0.16$ と十分小さくすれば，$\tan\theta/\theta < 1.01$ となり，誤差 1%以内で $\tan\theta/\theta$ は 1 と見ることができる．このため，この測定法では，$\theta\ (= (2\pi d/\lambda)\sqrt{\dot{\mu}_r\dot{\varepsilon}_r}\ )$ を十分小さくすることがポイントで，測定対象である波長に対して，磁性体試料の厚さ d を十分に薄くすることが重要となる．特に，高い周波側では，$d \ll \lambda$ の関係が保てなくなる傾向にあるため，注意を要する．例えば，材料定数 $|\dot{\mu}_r| = 50$, $|\dot{\varepsilon}_r| = 10$，厚さ d を 10mm とした試料は，周波数 50MHz(波長 6 m) の場合は，計算の結果，$\theta = 0.234$, $\tan\theta/\theta = 1.019$ であり，$\tan\theta/\theta = 1$ からの誤差は約 1.9 %と小さい．これに対し，周波数 100MHz と高くなると，$\theta = 0.469$, $\tan\theta/\theta = 1.08$ であり，誤差は 8 %に増加する．このため，高周波帯においては，試料厚をさらに薄くするなどの対応が必要となる．

2.2.4　開放法

次に複素誘電率の測定法を説明する．複素誘電率の測定では，被測定用誘電体試料を同軸管内の開放端に設置するが，例えば，図 2.4 に示した同軸管の終端を開放端と仮定した場合には，(2.16) 中の $\dot{Z}_L$ が無限大になるため，開放端から t だけ離れた位置における入力インピーダンスは，

$$\dot{Z} = Z_0 \frac{1}{\tanh(\dot{\gamma_0} t)} \tag{2.23}$$

となる．これをアドミタンス $\dot{Y}(= 1/\dot{Z})$ で表示すると，(2.23) 式は，

$$\dot{Y} = Y_0 \tanh(\dot{\gamma_0} t) \tag{2.24}$$

$$\text{ただし},\ Y_0 = 1/Z_0$$

となる．

図 2.7 に示すように，誘電体試料を開放端上に設置し，その厚さを d，複素比誘電率および複素比透磁率をそれぞれ $\dot{\varepsilon}_r\,(= \varepsilon_r' - j\varepsilon_r'')$，$\dot{\mu}_r\,(= \mu_r' - j\mu_r'')$ と

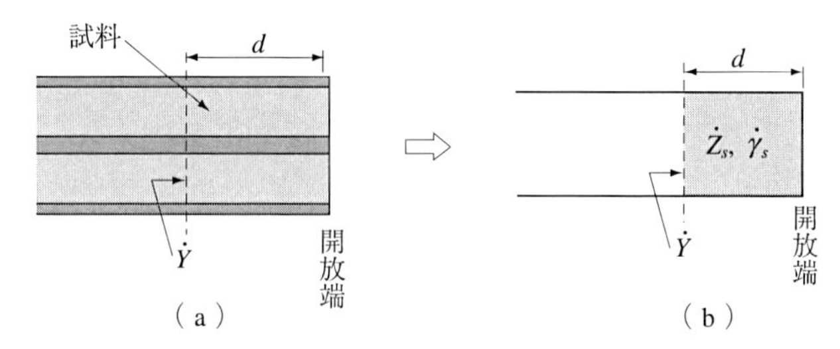

図 2.7　複素誘電率の測定

すると，試料表面におけるアドミタンスは，以下のようになる．

$$\begin{aligned}\dot{Y} &= \dot{Y}_s \cdot \tanh(\dot{\gamma}_s d) \\ &= Y_0 \frac{1}{\sqrt{\dot{\mu}_r/\dot{\varepsilon}_r}} \cdot \tanh\left(j\frac{2\pi d}{\lambda}\sqrt{\dot{\mu}_r\dot{\varepsilon}_r}\right) \\ &= jY_0 \frac{1}{\sqrt{\dot{\mu}_r/\dot{\varepsilon}_r}} \cdot \tan\left(\frac{2\pi d}{\lambda}\sqrt{\dot{\mu}_r\dot{\varepsilon}_r}\right) \\ &= jY_0 \sqrt{\frac{\dot{\varepsilon}_r}{\dot{\mu}_r}} \tan\left(\frac{2\pi d}{\lambda}\sqrt{\dot{\mu}_r\dot{\varepsilon}_r}\right) \end{aligned} \tag{2.25}$$

ただし，

$$\dot{Y}_s = \frac{1}{\dot{Z}_s} = \frac{1}{Z_0\sqrt{\dot{\mu}_r/\dot{\varepsilon}_r}} = Y_0 \frac{1}{\sqrt{\dot{\mu}_r/\dot{\varepsilon}_r}} \quad ：試料中の特性アドミタンス$$

(2.25) 式を規格化アドミタンス $\dot{y}$ で表すと，以下の式となる．

$$\begin{aligned}\dot{y} &= \dot{Y}/Y_0 = \dot{Y}_s \tanh(\dot{\gamma}_s d)/Y_0 \\ &= j\sqrt{\frac{\dot{\varepsilon}_r}{\dot{\mu}_r}} \cdot \tan\left(\frac{2\pi d}{\lambda}\sqrt{\dot{\mu}_r\dot{\varepsilon}_r}\right) \end{aligned} \tag{2.26}$$

ここで，透磁率の測定の場合と同様におくと，(2.26) 式は，

$$\begin{aligned}\dot{y} &= j\sqrt{\frac{\dot{\varepsilon}_r}{\dot{\mu}_r}} \cdot \tan\theta \cdot \frac{\theta}{\theta} = j\sqrt{\frac{\dot{\varepsilon}_r}{\dot{\mu}_r}} \cdot \frac{\tan\theta}{\theta} \cdot \theta \\ &= j\sqrt{\frac{\dot{\varepsilon}_r}{\dot{\mu}_r}} \cdot \frac{\tan\theta}{\theta} \cdot \frac{2\pi d}{\lambda}\sqrt{\dot{\mu}_r\dot{\varepsilon}_r} = j\dot{\varepsilon}_r \frac{2\pi d}{\lambda}\frac{\tan\theta}{\theta} \end{aligned} \tag{2.27}$$

と書ける．このとき，θ を十分小さいとすると，右辺の $\tan\theta/\theta$ は 1 に近づき，(2.27) 式は，以下のようになる．

$$\begin{aligned} \dot{y} &= j\dot{\varepsilon}_r \frac{2\pi d}{\lambda} \cdot 1 = j(\varepsilon'_r - j\varepsilon''_r) \cdot \frac{2\pi d}{\lambda} \\ &= \frac{2\pi d}{\lambda} \cdot \varepsilon''_r + j\frac{2\pi d}{\lambda} \cdot \varepsilon'_r \end{aligned} \tag{2.28}$$

このように，(2.28) 式は，複素透磁率測定で得られた (2.22) 式と同形となり，複素比誘電率 (ε'_r , ε''_r) は，試料表面におけるアドミタンスのコンダクタンス，サセプタンスを測定することにより，算出できる．

複素比誘電率を表す式 (2.28) は，複素比透磁率の場合の式と同様に，$\tan\theta/\theta$ が 1 と近似できる条件のもと，導出された式であるため，誘電率の測定の場合も $\theta\,(=(2\pi d/\lambda)\sqrt{\dot{\mu}_r\dot{\varepsilon}_r})$ を十分小さくすることがポイントである．なお，誘電率測定の場合も，θ と $\tanh\theta/\theta$ の関係は，図 2.6 に示すような特性であるため，誘電体試料の厚さ d は測定対象である波長に対して，十分に薄くすることが重要となる．

2.3　測定の実際

2.3.1　測定系

同軸管を用いて，磁性体試料の複素比透磁率を測定した例を紹介する．図 2.8 は，測定で用いた同軸管の外観を示したものである．同軸管は，同軸部およびサンプルホルダー部とで構成し，終端には短絡板 (短絡器) を接続する．同軸管の内径は 16.8mm，外径は 38.8mm であり，インピーダンスは，50Ω 系に適合するよう設計している ($Z_{in} = 60\ \ln(b/a) =$約 50Ω)．

測定用磁性体試料は，ドーナツ状に加工し，内導体/外導体との隙間が生じないように，その寸法は各導体径と等しくする．同軸管内では TEM モードが伝搬しているため，試料断面では，電界は放射状に，磁界は周方向に印加されることになる (図 4.11 参照)．

材料定数を評価するための測定系を図 2.9 に示す．同軸管の入力端側には，同軸ケーブル (50 Ω系) を接続し，信号をネットワークアナライザーへ伝送する．

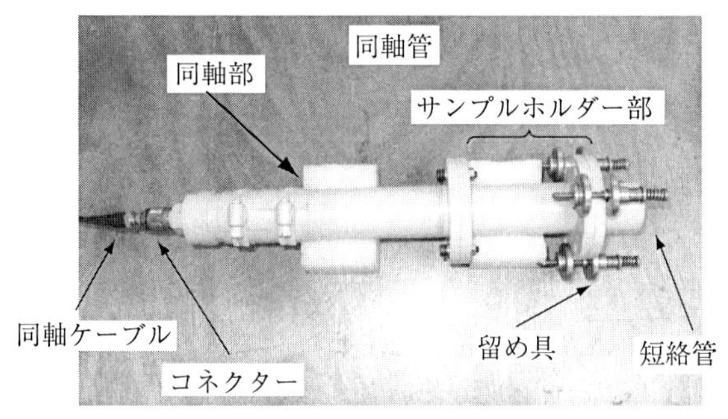

（a）同軸管の外観

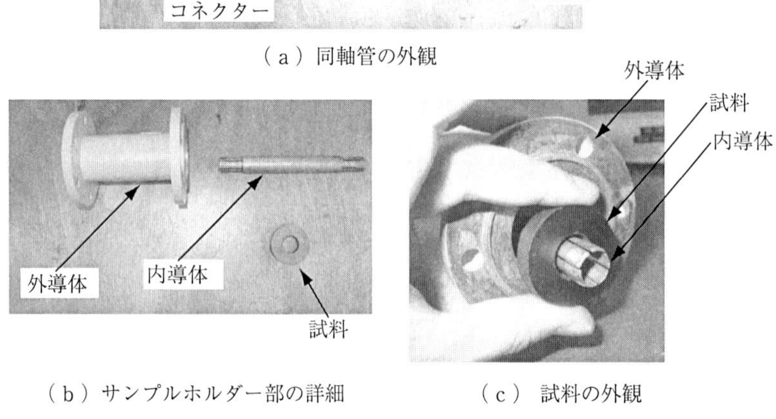

（b）サンプルホルダー部の詳細　　（c）試料の外観

図 **2.8**　同軸管と試料の外観

同軸管内に試料を設置すると，反射波 (インピーダンス変化) が生じるため，ネットワークアナライザーにより，その変化量を測定する．

2.3.2　測定準備

同軸管は，実際の測定を行う前に，基準面の校正 (キャリブレーション) を行っておく必要がある．すなわち，図 2.9 に示すように，通常は，終端 ($t = 0$) を基準面とし，この基準面が短絡端 (ショート端)，開放端 (オープン端)，整合端となるよう，校正を行う．校正終了後は，透磁率測定の場合には，終端に取り付けた短絡器の前面 (基準面) に試料を設置し，材料定数測定を実施する．

以下に，一般的な測定前の準備および測定の手順を追って説明する．

1. 同軸管を同軸ケーブルを介し，ネットワークアナライザーに接続する．ネットワークアナライザーの電源を ON にする．

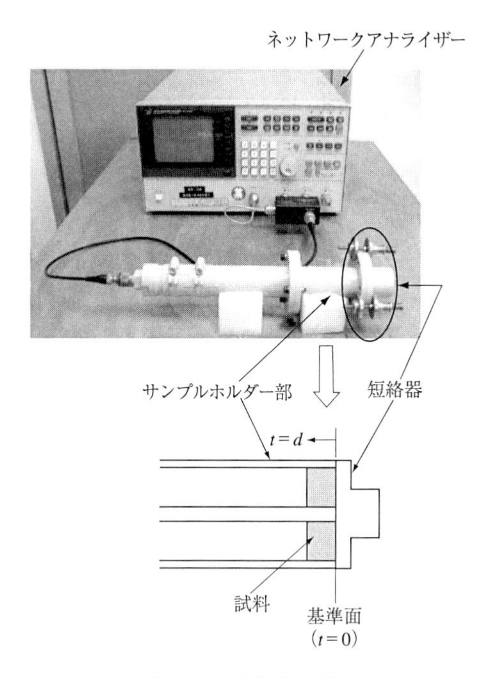

図 **2.9** 測定系の様子

2. 反射波測定を実施するため，ネットワークアナライザーのファンクションを S_{11} に設定する (S_{11} ファンクションボタンを押す)．この際，測定周波数範囲も設定しておく．
3. 同軸管の基準面の校正を行う．通常は，同軸管の終端を基準面にとるので，同軸管の終端に短絡器を接続する．この状態でネットワークアナライザーの SHORT ボタンを押し，この状態が短絡状態であることをメモリする．
4. 同軸管の終端に整合器 (ダミーロード) を接続する．この状態でネットワークアナライザーの LOAD ボタンを押し，この状態が整合状態であることをメモリする．
5. 同軸管の終端に開放器を接続する (もしくは終端を開放状態とする)．この状態でネットワークアナライザーの OPEN ボタンを押し，この状態が開放状態であることをメモリする．

※ 3.〜5. の校正手順は，どの順番でも良い.

6. 以上で校正が終了したので，次に，試料の測定を行う．まず，同軸管の終端に短絡器を接続し，同軸管中に試料を設置する．この際，試料厚さは，マイクロメータなどで事前に測定しておく.
7. ネットワークアナライザーで，各周波数ごとの反射係数 (大きさ，位相角) を測定する.
8. 材料定数と反射係数 (後で述べるように，インピーダンスに対応した量) との関係を表す式から，材料定数を算出する.
9. 次の試料の測定を行う場合は，上記 6.〜8. の手順を繰り返し行う.

2.3.3　透磁率の測定

一例として，フェライトと樹脂とを混ぜあわせて作製した複合磁性体試料の測定例を示す．試作した磁性体試料は，マイクロメータで測定した結果，厚さ 11.66mm である.

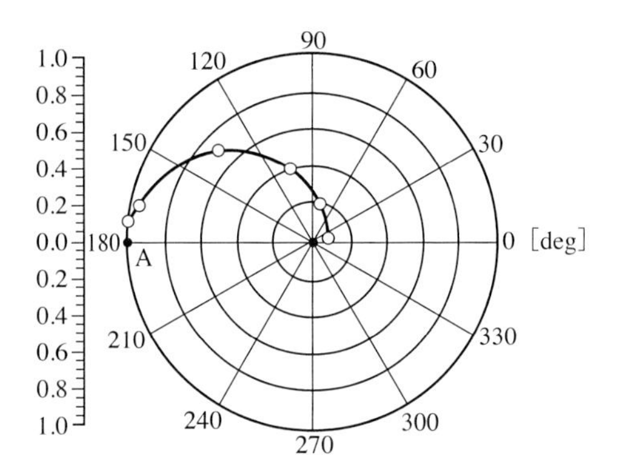

図 2.10　反射係数 $\dot{S}$ の測定結果

図 2.10 は，磁性体試料を設置したときの反射係数 $\dot{S}$ の測定結果である ($\dot{S} = |\dot{S}|e^{j\theta}$, $|\dot{S}|$ は大きさ，θ は位相角)．試料を挿入していない場合は，基準面 (終端) を短絡としているため，ネットワークアナライザーの読み値は，ショートを示す A 点となる．このときの反射係数は，各周波数成分で $|\dot{S}| = 1$，θ=180°

である $(\therefore \dot{S} = -1)$.

一方，磁性体試料を挿入すると，反射係数は，同図に示すような周波数特性となる．各周波数成分における反射係数の A 点からの変化量は，材料の電気定数や厚さなどに依存して生じたものに他ならない．このため，各周波数における反射係数の変化量を測定することで，材料定数が算出できるようになる．

ところで，試料非挿入時では，$t = 0$ の位置で校正を行い，これを基準面としているため，実際には，試料厚さ分 d だけ補正する必要がある．すなわち，基準面を，試料表面に相当する位置 $(t = d)$ に補正しておくことがポイントである．補正したときの反射係数 $\dot{S}_d(t = d$ の位置) は，終端位置における反射係数を $\dot{S}_0$ ($t = 0$ の位置) とすると，以下のように表すことができる．

$$\dot{S}_d = \dot{S}_0 \cdot e^{-2\dot{\gamma}d} = |\dot{S}_0| e^{(j\theta - 2\dot{\gamma}d)} = |\dot{S}_0| e^{j(\theta - 4\pi d/\lambda)} \tag{2.29}$$

$$\text{ただし，}\quad \dot{S}_0 = |\dot{S}_0| e^{j\theta}$$

したがって，反射係数 $\dot{S}_d$ を用いると，試料表面位置におけるインピーダンス(規格化)$\dot{z}$ は，(2.29) 式より，

$$\begin{aligned}\dot{z} &= \frac{1 + \dot{S}_d}{1 - \dot{S}_d} = \frac{1 + |\dot{S}_0| e^{j(\theta - 4\pi d/\lambda)}}{1 - |\dot{S}_0| e^{j(\theta - 4\pi d/\lambda)}} \\ &= \frac{2\pi d}{\lambda} \cdot \mu_r'' + j\frac{2\pi d}{\lambda} \cdot \mu_r' \end{aligned} \tag{2.30}$$

と書ける．よって，(2.30) 式より，複素比透磁率は以下のようにして得られる．

$$\mu_r' = \frac{\lambda}{2\pi d} \cdot \mathrm{Im}(\dot{z}) = \frac{\lambda}{2\pi d} \cdot \mathrm{Im}\left(\frac{1 + |\dot{S}_0| e^{j(\theta - 4\pi d/\lambda)}}{1 - |\dot{S}_0| e^{j(\theta - 4\pi d/\lambda)}} \right) \tag{2.31}$$

$$\mu_r'' = \frac{\lambda}{2\pi d} \cdot \mathrm{Re}(\dot{z}) = \frac{\lambda}{2\pi d} \cdot \mathrm{Re}\left(\frac{1 + |\dot{S}_0| e^{j(\theta - 4\pi d/\lambda)}}{1 - |\dot{S}_0| e^{j(\theta - 4\pi d/\lambda)}} \right) \tag{2.32}$$

(注) Re，Im はそれぞれ複素数の実部，虚部を表す．

一例として，図 2.10 の周波数 50MHz の場合における複素比透磁率の算出例を以下に示す．すなわち，50MHz におけるネットワークアナライザーによる測定値は，反射係数 $\dot{S}$ の大きさ $|\dot{S}|$ は 0.703 $(= |\dot{S}_d| = |\dot{S}_0|)$，位相角 θ は $= 135.8$ ° であった．また，試料厚 d の実測値は 11.66mm，周波数 50MHz に

おける波長 λ は 6 m なので，これらの値を (2.31) 式，(2.32) 式に代入すると，複素透磁率は以下のように，$\dot{\mu}_r = 33.2 - j16.7$ と算出できる．

$$
\begin{aligned}
\mu_r' &= \frac{6}{2\times 3.1415\times(11.66\times 10^{-3})} \\
&\quad \cdot \mathrm{Im}\left(\frac{1+0.703\cdot e^{j\{(135.8\times 3.1415/180)-(4\times 3.1415\times 11.66\times 10^{-3}/6)\}}}{1-0.703\cdot e^{j\{(135.8\times 3.1415/180)-(4\times 3.1415\times 11.66\times 10^{-3}/6)\}}}\right) \\
&\approx 81.842\cdot \mathrm{Im}(0.204+j0.405) \\
&\approx 81.842\times 0.405 \approx 33.179 \approx 33.2 \\
\mu_r'' &= \frac{6}{2\times 3.1415\times(11.66\times 10^{-3})} \\
&\quad \cdot \mathrm{Re}\left(\frac{1+0.703\cdot e^{j\{(135.8\times 3.1415/180)-(4\times 3.1415\times 11.66\times 10^{-3}/6)\}}}{1-0.703\cdot e^{j\{(135.8\times 3.1415/180)-(4\times 3.1415\times 11.66\times 10^{-3}/6)\}}}\right) \\
&\approx 81.842\cdot \mathrm{Re}(0.204+j0.405) \\
&\approx 81.842\times 0.204 \approx 16.705 \approx 16.7
\end{aligned}
$$

ところで，$|\dot{S}|$，θ の測定値は，ネットワークアナライザーの画面表示値より読み取るわけであるが，実際の測定では，小数点以下の僅かなレベルで，表示値が変動することが多い．このため，$|\dot{S}|$，θ は，変動分を取り除いた値を測定値として用いる．すなわち，一例としてこの測定で使用したネットワークアナライザーの画面表示値は，$|\dot{S}|$ は小数点以下 5 桁表示，また，θ は小数点以下 3 桁表示であるが，実際の測定では，$\dot{S}$ は小数点以下 4 桁目以降の値の変動が大きく ($|\dot{S}| = 0.703\mathrm{XX}$：XX は変動桁を示す)，また，$\theta$ は小数点以下 2 桁目以降の値の変動が大きい傾向であったとする ($\theta = 135.8\mathrm{XX}^\circ$)．この場合，$|\dot{S}|$ の読み値 (測定値) は小数点以下 3 桁目まで，θ は小数点以下 1 桁目までとして計算を行う．

実際，このような桁数として複素比透磁率を計算しても，その値には，大きな影響を与えないことがわかる．例えば，変動分を考慮し，$|\dot{S}|$ を 0.7025～0.7034(四捨五入すると 0.703)，θ を 135.75°～135.84° (四捨五入すると 135.8°) の範囲とすると，複素比透磁率の値は，$\mu_r' \approx$ 33.1～33.2，$\mu_r'' \approx$ 16.7 となり，変動分を取り除いた上記桁数で算出しても何ら差し支えない．このように，値の

変動は微小なレベルで起こっているので，実際にはほとんど問題とならないことが多い．

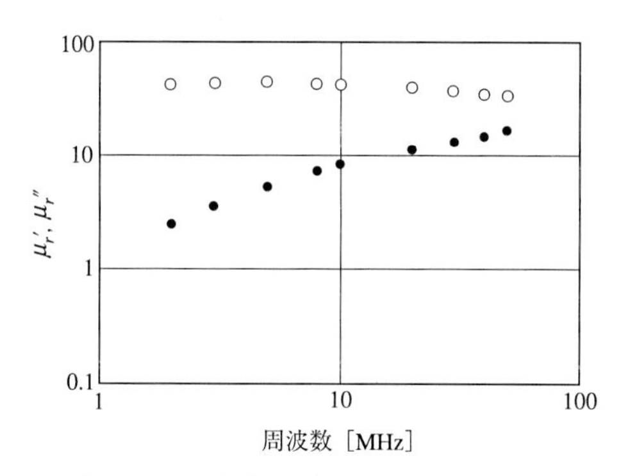

図 **2.11**　複素比透磁率 $\dot{\mu}_r$ の測定結果

磁性体試料の周波数特性の測定結果を図 2.11 に示す．図中の○，●印がそれぞれ実部，虚部の測定結果である．低周波側では 3MHz からの値をプロットし，高周波側では 50MHz までの値をプロットしている．低周波側では，ネットワークアナライザによる測定値 $|\dot{S}|$ および θ の値 (図 2.10 参照) からわかるように，A 点からの変化分が極めて小さい場合には，反射係数がほとんど短絡状態 ($|\dot{S}| \approx 1$，$\theta \approx 180°$) と見なされるため，これが誤差要因となる．一方，高周波側では，波長に対し試料厚さが無視できないなどの影響により，誤差が大きくなる傾向である．この場合は，さらに薄い試料を用いるなどの対応が必要となるが，ある程度の厚さ (および材料定数) の試料を測定する場合には，この手法のように反射波だけの測定に基づく手法では，高周波側に測定限界が生じるため注意が必要である．

2.3.4　誘電率の測定

複素誘電率を測定する場合も透磁率の場合と同様に，基本的には終端を短絡した同軸管を用いて評価を行う．

複素誘電率測定では，試料を開放端に置くことがポイントであったが，同軸管内におけるインピーダンスは，短絡端から $\lambda/4$ 離れた位置 ($t = \lambda/4$) が $\dot{Z} = \infty$，

すなわち，開放端に相当する (図 2.2 参照)．このため，誘電率測定では，被測定用誘電体試料を済みの開放端の位置 ($t = \lambda/4$) に設置することがポイントであり，この点が複素透磁率測定の場合と顕著に異なる点である．なお，誘電率測定では，基準面を開放端としているため，試料非挿入時の反射係数は，$|\dot{S}| = 1$, $\theta = 0°$ である．

基準面上に誘電体試料を設置した場合，ネットワークアナライザーにより測定した反射波は，試料の厚さ分だけ補正する必要があるが，このときの補正した反射係数 $\dot{S}_d$ は，複素透磁率測定の場合と同じ式になる．すなわち，(2.29) 式において，基準面 (開放端) 位置における反射係数を $\dot{S}_0$ として，再掲すると，$\dot{S}_d = \dot{S}_0 \cdot e^{-2\dot{\gamma}d} = |\dot{S}_0|e^{j(\theta-4\pi d/\lambda)}$ であり，透磁率測定の場合と全く同様に扱える．表 2.1 に透磁率測定と誘電率測定におけるポイントをまとめたものを示す．サンプルの設置位置などに注意すれば，測定量や換算式は，それぞれの測定法でほぼ同形となり，誘電率の測定も，アドミタンス測定量 Y より容易に複素比誘電率を評価できることがわかる．

以上のように，同軸管を用いて，反射波を測定することにより，複素比透磁率，複素比誘電率を測定する手法を示した．ここで測定した試料のように，厚さが 10mm 程度で，50 前後の材料定数値を有する試料の場合には，少ない誤差で測定できる周波数範囲は，数 MHz〜数十 MHz 程度であると考えられているが (試料厚を薄くすれば，数百 MHz も可能)，材料の開発を行う上では，このような低周波側における周波数特性の把握も必要である．特に，EMI(Electromagnetic Interference) の分野では，主に 30〜1000MHz を対象としているため，EMI 対策用部品材料の特性把握の際などは，この手法による測定は有効になる．

表 **2.1**　測定法のまとめ

	透過率測定の場合	誘電率測定の場合
材料定数	複素比透磁率 $\dot{\mu}_r = \mu'_r - j\mu''_r$	複素比誘電率 $\dot{\varepsilon}_r = \varepsilon'_r - j\varepsilon''_r$
サンプル配置位置	付図 1	付図 2
測定量	インピーダンス: $\dot{Z} = R + jX$ (規格化インピーダンス: $\dot{z} = \dot{Z}/Z_0$)	アドミタンス: $\dot{Y} = G + jB$ (規格化アドミタンス: $\dot{y} = \dot{Y}/Y_0$)
換算式	$\mu'_r = \dfrac{\lambda}{2\pi d}\mathrm{Im}(\dot{z})$, $\mu''_r = \dfrac{\lambda}{2\pi d}\mathrm{Re}(\dot{z})$ $\dot{z} = \dfrac{1 + \lvert\dot{S}_0\rvert\ e^{j(\theta - 4\pi d/\lambda)}}{1 - \lvert\dot{S}_0\rvert\ e^{j(\theta - 4\pi d/\lambda)}}$	$\varepsilon'_r = \dfrac{\lambda}{2\pi d}\mathrm{Im}(\dot{y})$, $\varepsilon''_r = \dfrac{\lambda}{2\pi d}\mathrm{Re}(\dot{y})$ $\dot{y} = \dfrac{1 - \lvert\dot{S}_0\rvert\ e^{j(\theta - 4\pi d/\lambda)}}{1 + \lvert\dot{S}_0\rvert\ e^{j(\theta - 4\pi d/\lambda)}}$

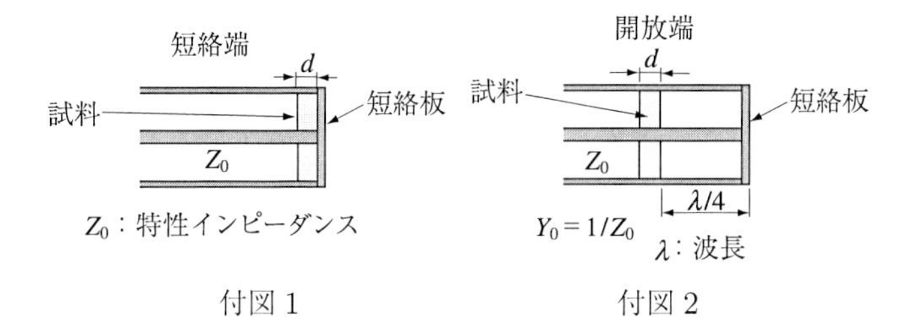

付図 1　　付図 2

参考文献

[1] 小笠原 直幸：“開放端同軸共振器による ε, μ 分離測定法”, 電気学会誌 Vol.7, No.807, pp.1487-1492 (1955).

[2] 小笠原 直幸：“30〜9000MC に於けるポリアイアンの透磁率の分離測定”, 電気通信学会 マイクロ波伝送研究専門委員会資料 (1956).

[3] 森田 清 (監修)，末武 国弘，林 周一: “マイクロ波回路”, pp.37-41, オーム社 (1958).

第3章

同軸管透過法

本章では，同軸管透過法による複素誘電率の測定法について説明する. 同軸管内の透過問題や測定の原理の説明に続いて，測定の具体例では，液晶の配向時を含めた複素誘電率の測定を例に説明する.

3.1　測定の概要

同軸線路内に一定の厚さを有する誘電体や磁性体を挿入すると，反射係数 $(\dot{S}_{11})$ や透過係数 $(\dot{S}_{21})$ が変化する. このような状態で測定した反射係数や透過係数の測定値を伝送線理論による計算値と比較することにより，複素比誘電率や複素比透磁率を測定する方法は，一般に同軸管による反射・透過法と呼ばれている.

先の第 2 章では試料からの反射波により，材料定数を測定したが，この章では，同軸線路内に挿入した誘電体の透過波から複素比誘電率を測定する方法について説明する. この測定法の特徴として同軸線路を用いることから広帯域な測定を行うことが可能であることがあげられ，複素比誘電率と複素比透磁率を同時測定する場合には，1 つの試料に対して試料挿入時の反射係数と透過係数の両方を測定する. これに対して複素比誘電率のみの測定を行う場合には，どちらか一方の測定から求めることができる. また，透過係数のみによる測定では，例えば反射係数の場合のような複雑な校正を行う必要がなく，比較的容易に精度良く透過波に対する振幅，位相情報を得ることができる. また，同軸線路内に液体材料 (例えば，液晶や液体ファントム) を充填した場合についても，透過係数から複素比誘電率の測定が可能である.

3.2 測定の詳細

3.2.1 透過係数

図3.1に示すように誘電体が充填された同軸線路において，基本波であるTEMモードの電磁波が線路を伝搬した場合，長さLにおいてその透過係数$\dot{T}$は次式で与えられる.

$$\dot{T} = e^{-j\sqrt{\dot{\varepsilon}_r}\frac{2\pi L}{\lambda}} \tag{3.1}$$

このことから，連続な媒質内における2点間の透過係数が求められるが，実際の複素比誘電率の測定においては試料非挿入部と試料挿入部の特性インピーダンスが異なるために，この端面における反射波を考慮して透過係数を求める必要がある. 以下，順を追って境界における反射を考慮した透過係数の導出を行う.

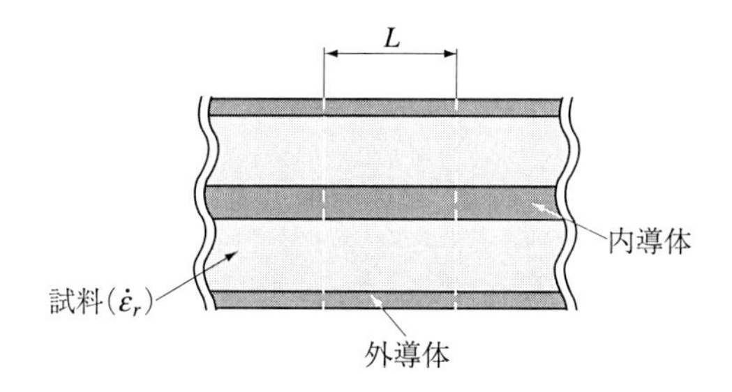

図 **3.1** 誘電体が充填された同軸線路

図3.2に示すように領域1および2の物質が境界面で接している場合，物質1中をこの境界に垂直な方向から進行してきたTEM波は，境界面aにおいて反射波および透過波に分離され，この場合の反射係数$\dot{R}$および透過係数$\dot{T}$は次式で与えられる.

$$\dot{R} = \frac{\dot{\mu}_1\sqrt{\dot{\varepsilon}_2\dot{\mu}_2} - \dot{\mu}_2\sqrt{\dot{\varepsilon}_1\dot{\mu}_1}}{\dot{\mu}_1\sqrt{\dot{\varepsilon}_2\dot{\mu}_2} + \dot{\mu}_2\sqrt{\dot{\varepsilon}_1\dot{\mu}_1}} \tag{3.2}$$

$$\dot{T} = \frac{2\dot{\mu}_1\sqrt{\dot{\varepsilon}_2\dot{\mu}_2}}{\dot{\mu}_1\sqrt{\dot{\varepsilon}_2\dot{\mu}_2} + \dot{\mu}_2\sqrt{\dot{\varepsilon}_1\dot{\mu}_1}} \tag{3.3}$$

ここで，$\dot{\mu}_1$ と $\dot{\mu}_2$ を 1 とすると (3.2) および (3.3) 式は次式のように簡略化される．

$$\dot{R} = \frac{\sqrt{\dot{\varepsilon}_2} - \sqrt{\dot{\varepsilon}_1}}{\sqrt{\dot{\varepsilon}_2} + \sqrt{\dot{\varepsilon}_1}} \tag{3.4}$$

$$\dot{T} = \frac{2\sqrt{\dot{\varepsilon}_2}}{\sqrt{\dot{\varepsilon}_2} + \sqrt{\dot{\varepsilon}_1}} \tag{3.5}$$

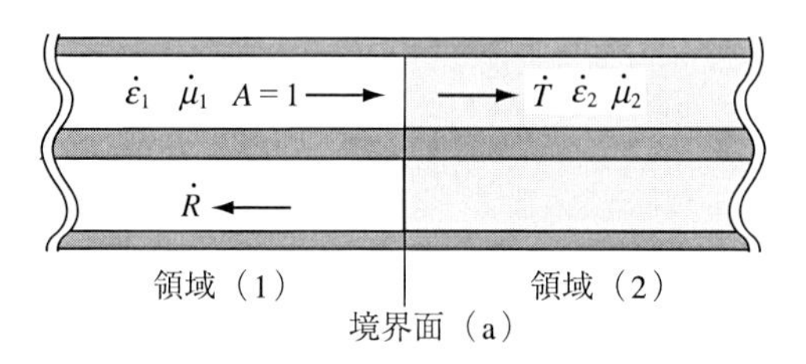

図 **3.2**　境界面における反射

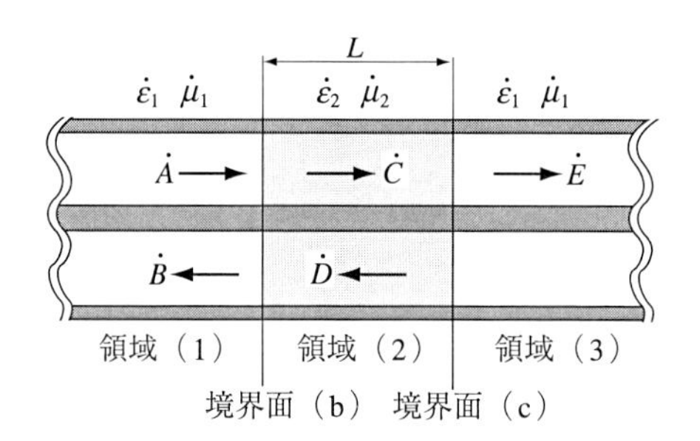

図 **3.3**　厚み L の試料を配置した同軸線路

次に，図 3.3 に示すように境界面 b および境界面 c で接する 3 つの領域 1，2 および 3 が存在する場合には，境界面 b および境界面 c の各面において (3.2)，(3.3) 式あるいは (3.4)，(3.5) 式で与えられる値の反射と透過が起こり，図中の矢印で示した各方向への進行波はこれら 2 つの境界面からの反射波および透過波の合成として，次のように表される．

$$\dot{C} = \frac{\dot{A}\dot{T}_{12}}{1 - \dot{R}_{21}\dot{R}_{23}e^{-2j\gamma_2 L}} \tag{3.6}$$

$$\dot{D} = \dot{R}_{23}e^{-2j\gamma_2 L}\dot{C} \tag{3.7}$$

$$\dot{B} = \dot{A}\dot{R}_{12} + \dot{D}\dot{T}_{21} \tag{3.8}$$

$$\dot{E} = \dot{T}_{23}e^{-j\dot{\gamma}_2 L}\dot{C} \tag{3.9}$$

ここで，TEM 波に対して伝搬定数は

$$\dot{\gamma}_2 = \frac{2\pi}{\lambda}\sqrt{\dot{\varepsilon}_2\dot{\mu}_2} \tag{3.10}$$

で与えられる．これより，入射波 $\dot{A}$ と反射波 $\dot{B}$ の比は

$$\begin{aligned}\dot{S}_{11} = \frac{\dot{B}}{\dot{A}} &= \dot{A}\dot{R}_{12} + \dot{D}\dot{T}_{21} = \dot{R}_{12} + \dot{R}_{23}e^{-2j\dot{\gamma}_2 L}\dot{C}\dot{T}_{21} \\ &= \dot{R}_{12} + \dot{R}_{23}e^{-2j\dot{\gamma}_2 L}\frac{\dot{A}\dot{T}_{12}\dot{T}_{21}}{1-\dot{R}_{21}\dot{R}_{23}e^{-2j\dot{\gamma}_2 L}}\end{aligned} \tag{3.11}$$

となる．一方，入射波 $\dot{A}$ と透過波 $\dot{E}$ の比は

$$\dot{S}_{21} = \frac{\dot{E}}{\dot{A}} = \dot{T}_{23}e^{-2j\dot{\gamma}_2 L}\dot{C} = \frac{\dot{T}_{12}\dot{T}_{23}e^{-j\dot{\gamma}_2 L}}{1-\dot{R}_{21}\dot{R}_{23}e^{-2j\dot{\gamma}_2 L}} \tag{3.12}$$

となる．ここで，$\dot{\mu}_1$=$\dot{\mu}_2$=1 とすると $\dot{R}_{nm}$ および $\dot{T}_{nm}$ は改めて

$$\dot{R}_{12} = \frac{\sqrt{\dot{\varepsilon}_2}-\sqrt{\dot{\varepsilon}_1}}{\sqrt{\dot{\varepsilon}_2}+\sqrt{\dot{\varepsilon}_1}} \tag{3.13}$$

$$\dot{R}_{23} = \dot{R}_{21} = \frac{\sqrt{\dot{\varepsilon}_1}-\sqrt{\dot{\varepsilon}_2}}{\sqrt{\dot{\varepsilon}_1}+\sqrt{\dot{\varepsilon}_2}} \tag{3.14}$$

$$\dot{T}_{12} = \frac{2\sqrt{\dot{\varepsilon}_2}}{\sqrt{\dot{\varepsilon}_2}+\sqrt{\dot{\varepsilon}_1}} \tag{3.15}$$

$$\dot{T}_{23} = \frac{2\sqrt{\dot{\varepsilon}_1}}{\sqrt{\dot{\varepsilon}_2}+\sqrt{\dot{\varepsilon}_1}} \tag{3.16}$$

と表すことができ，同軸線路に試料を挿入した場合の透過係数は (3.12) 式により求めることが可能となる．

3.2.2 測定の原理

伝送線理論による透過係数の計算法を用いて，実際に複素比誘電率の測定法を，同軸線路に液体材料の例として液晶の場合について説明する．液晶を充填する治具は，図 3.4 に示すように両端に SMA コネクターを有する同軸線路で

あり，長さの違う3種類を用意してみる．また，内部構造は図3.5に示すように，高次モードがカットオフとなり，試料非挿入時に50Ωとなるように内径を0.87mm，外径を2.0mmと設計する．このような同軸線路に液晶を充填して測定した透過係数 $(\dot{S}_{21})$ と伝送線理論による透過係数の計算値とを比較することにより複素比誘電率を求める．

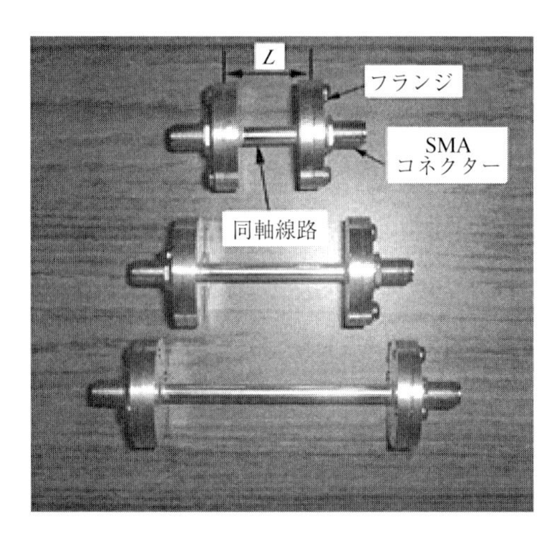

図 **3.4**　L が 20, 40 および 60mm の同軸管

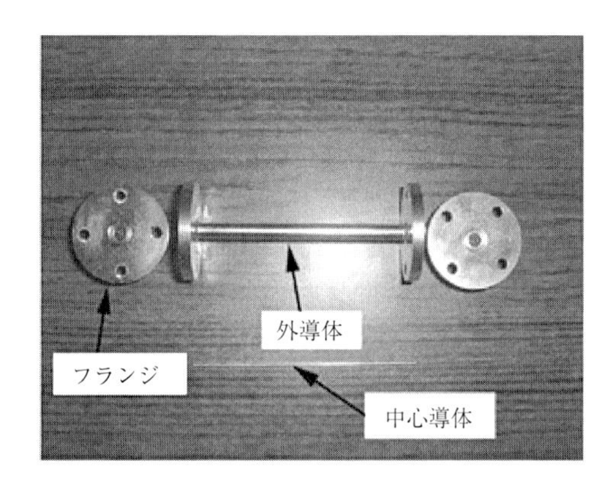

図 **3.5**　同軸管の分解図

すなわち，まず試料の非挿入時における $\dot{S}_{21}$ を測定し，この振幅および位相を共に校正により零とし，次に試料挿入時の $\dot{S}_{21}$ を測定する．これより，振幅は

線路自身の挿入損失があらかじめ考慮された値となり，試料による位相差 θ_{die} は，試料挿入時および非挿入時の差より測定された位相 θ_m と中空中の位相 θ_a から次式で求まる．

$$\theta_{die} = \theta_m + \theta_a \tag{3.17}$$

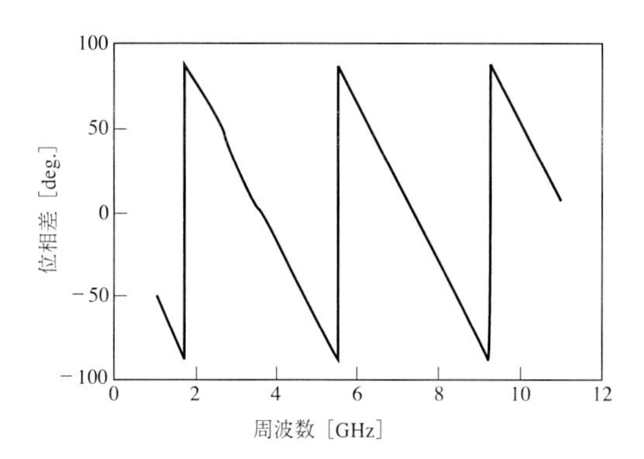

図 3.6　位相差の測定結果の一例

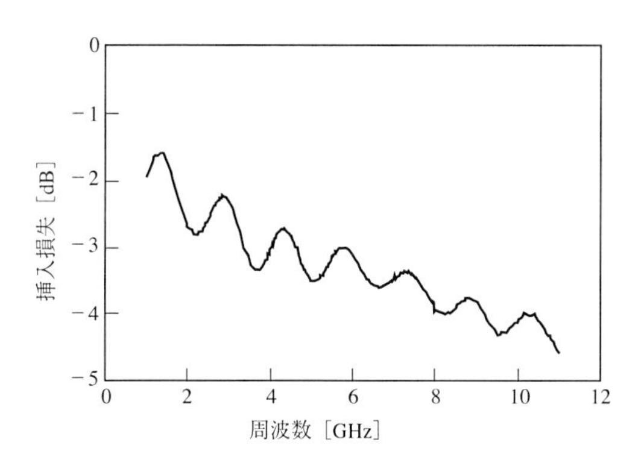

図 3.7　挿入損失の測定結果の一例

一例として，L が 60mm の同軸線路を用いて液晶の $\dot{S}_{21}$ を測定した時の位相差の結果を図 3.6 に，挿入損失の結果を図 3.7 に示す．この図より例えば，周波数 10GHz において，$\dot{S}_{21}$ の挿入損失 A_T と位相差 θ の測定値は A_T は -4.24dB および θ は 58.07deg. であることがわかる．

これに対して，図 3.8 のように，10GHz において初期値 (任意) として $\dot{\varepsilon}_r$ を

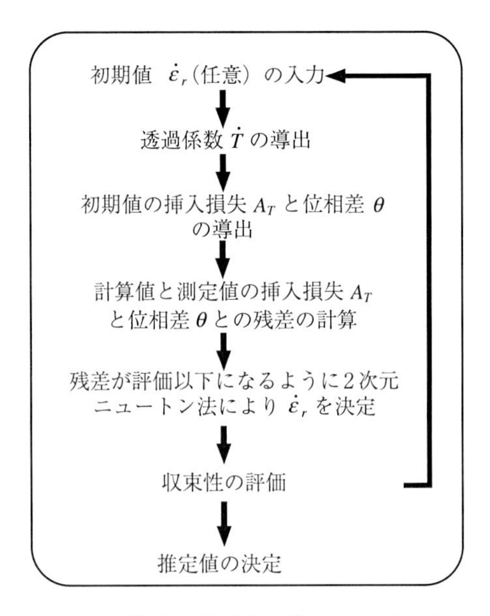

図 3.8　複素比誘電率の導出アルゴリズム

$2.40 - j0.00$ とした時，測定した $\dot{S}_{21}$ とこの初期値に対して (3.12) 式により計算した $\dot{S}_{21}$ の残差が評価値 (任意に設定) 以下になるように 2 次元のニュートン法を用いて，$\dot{\varepsilon}_r$ を導出する．この場合，評価値を厳しくすれば，より残差が小さくなるが解が収束しにくくなる場合がある．その結果，$\dot{\varepsilon}_r$ を $2.79 - j0.11$ である時，(3.12) 式に代入して $\dot{S}_{21}$ の計算を行うと，$\dot{S}_{21}$ は $-0.325 - j0.521$ となり，さらに挿入損失と位相差を計算すると，A_T は -4.24dB および θ は 58.07 度となる．このようにして得られた A_T と θ の計算値および測定値を比較すると，両者はほぼ一致しており，このことから複素比誘電率が推定できていることがわかる．以上の計算に対して，実際には手計算で行うことは困難であるので 3.4 節でプログラムに示す通り，測定した $\dot{S}_{21}$ と任意の $\dot{\varepsilon}_r$ の初期値に対して (3.18) 式および (3.19) 式により計算した A_T および θ の残差が最小となるように 2 次元のニュートン法を用いて逆問題として求める．

$$A_T\,[\mathrm{dB}] = 20\log_{10}|\dot{S}_{21}| \tag{3.18}$$

$$\theta\,[\mathrm{deg.}] = \tan^{-1}\frac{\mathrm{Im}(\dot{S}_{21})}{\mathrm{Re}(\dot{S}_{21})} \times \frac{180}{\pi} + \theta_a \tag{3.19}$$

3.3　測定の実際

3.3.1　同軸管の長さ

以上の手法により液晶の複素比誘電率を測定するにあたり，まず基礎検討として同軸線路の長さ L を 20,40 および 60mm と変化させ，長さに対する測定への影響を検討する．この結果について，10GHz における測定結果を導波管法による結果と共に表 3.1 に示す．これより，長さを変化させてもそれぞれ 3 つの測定値は実部で 0.09 程度，虚部で 0.04 程度の差で一致しており，さらに，この測定結果を導波管法の結果と比較しても実部は 0.10，虚部は 0.05 程度の違いで両者は良好に一致していることがわかる．次に，この液晶について周波数を 1〜11GHz まで変化させた場合の複素比誘電率の測定結果を図 3.9 に示す．これよりまず実部に着目すると，3 種類の同軸線路の結果とも約 4GHz 以上ではほぼ良好に一致していることが確認できる．この理由は液晶の実部を 2.5 と仮定した同軸線路の電気長は 4GHz において L が 20mm で $0.42\lambda_g$(λ_g:管内波長) となり，実部の測定に対して通常必要とされる電気長の $\lambda_g/4$ を満足する長さとなっているからと考えられる．また，虚部に着目すると，L が 20mm の測定結果は他の長さの結果に比べて，各周波数において 0.02〜0.05 程度小さく異なる．この理由は同軸線路が 20mm と短い場合，液晶のように比較的損失の小さな試料においては挿入損失の測定値が 0.6〜1.5dB と非常に小さく，この小さな測定値より推定した結果により大きな誤差が生じたものと考えられる．

このように，これらの考察からここでの測定法では，L が 60mm の同軸線路を用いると，液晶程度の複素比誘電率をおよそ 2GHz 程度以上の周波数で比較的精度良く測定可能であると検討できる．このような検討から，次にこの測定法を用いて，L が 60mm において 2〜21GHz の測定を行ってみる．

表 3.1　線路長に対する複素比誘電率 (10GHz)

L[mm]	本手法	導波管法
20	$2.81 - j0.10$	$2.71 - j0.15$ 参考 [2]
40	$2.72 - j0.11$	
60	$2.79 - j0.11$	

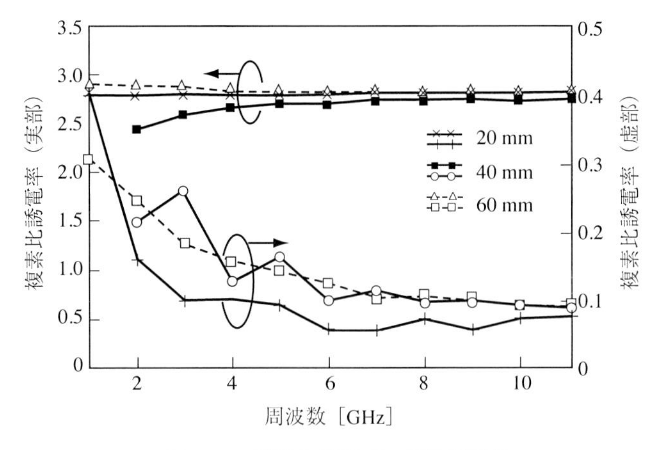

図 **3.9**　複素比誘電率の周波数特性

3.3.2　誘電率の測定

以上の検討結果を踏まえて，3種類の液晶についてバイアスの非印加時および印加時 (非配向時および配向時) における複素比誘電率の測定を行ってみる．本測定系を図3.10および図3.11に示す．この図が示すように，port1側にはバイアス電圧を印加させるためのバイアスTを，port2側にVNAにバイアス電圧を印加させないためのDCブロックを配置し，さらにVNA側と同軸線路との反射の影響を低減するために入出力端に10dBの同軸固定減衰器を接続する．そして，この同軸線路内に液晶を充填し，30V (p-p)，1 kHzの正弦波を用い，非印加時および印加時における複素比誘電率を測定する．ここで，測定する液晶は，構造がはっきりしているシアノビフェニル液晶 (A) および電気的光学的に特性が異なる混合液晶としてBとCの計3種類である．

各試料において非印加時，10GHzにおける結果を導波管法による測定結果 (文献 [2]) と共に表3.2に示す．これより，それぞれの液晶について実部は0.09以内，虚部は0.07以内の差で両者は良好に一致していることが分かる．さらに，測定の一例として非印加時と印加時における実部の差が大きいAとCの2種類について，2〜21GHzにおける複素比誘電率の周波数特性を図3.12および図3.13に示す．これより，非印加時と印加時の違いや周波数が高くなると実部，虚部ともに少しずつ小さくなる傾向が観察できる．

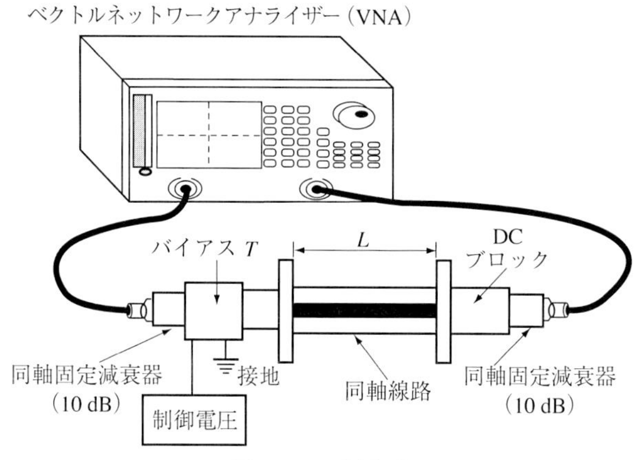

図 **3.10** 測定系

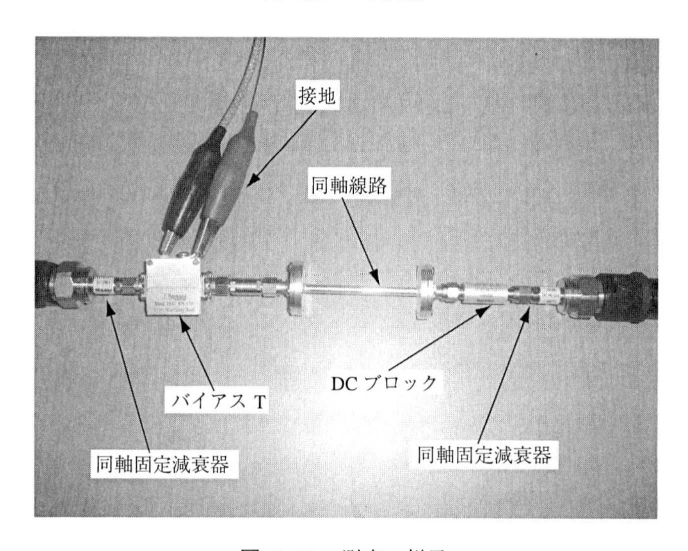

図 **3.11** 測定の様子

表 **3.2** 各種液晶の複素比誘電率 (10GHz)

液晶	電圧非印加時	電圧印加時	導波管法 [2]
A	$2.80 - j0.12$	$2.96 - j0.08$	$2.71 - j0.15$
B	$2.58 - j0.18$	$2.60 - j0.22$	$2.62 - j0.25$
C	$2.56 - j0.05$	$2.71 - j0.02$	$2.62 - j0.09$

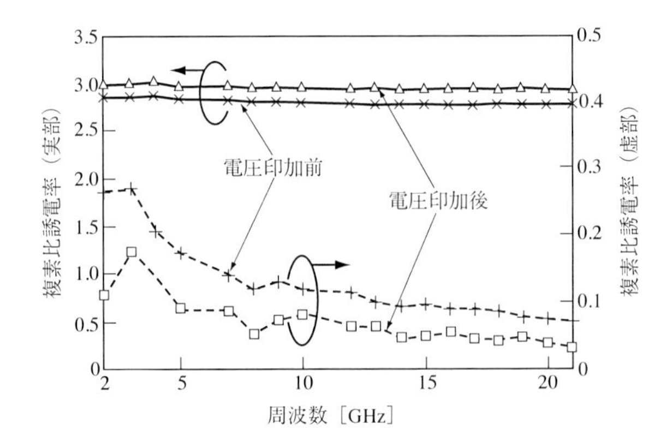

図 **3.12**　複素比誘電率の周波数特性 (試料 A)

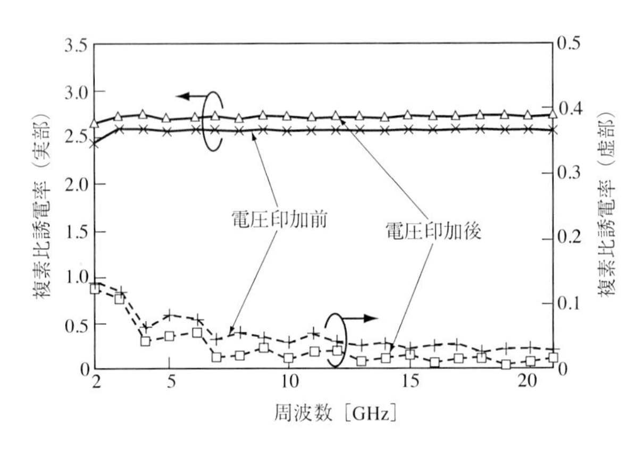

図 **3.13**　複素比誘電率の周波数特性 (試料 C)

3.4 測定用プログラム

先の図 3.8 で，$\dot{\varepsilon}_r$ の導出法を説明したが，その場合の FORTRAN77 で書かれたプログラムを以下に示す．このプログラムでは，測定値として挿入損失 A_T [dB] および位相差 θ [deg.] を各周波数ごとに入力し，この結果を用いて，各周波数ごとに 2 次元のニュートン法を用いて $\dot{\varepsilon}_r$ を推定する．

```
ccccccccccccccccccccccccccccccccccccccccccccccccccccccccccccc
ccc                   同軸管透過波による
ccc                 複素比誘電率の推定プログラム
ccccccccccccccccccccccccccccccccccccccccccccccccccccccccccccc
      implicit real (a-h,o-z)
      complex*16 f1,f2
      real*8  d,dlam,d3
      real*8  eps_rl,eps_im,eps_im_r,mu_rl,mu_im
      real*8  eeps_rl,eeps_im
      character*20 filnam,dfilnam
c     l はデータ数
      parameter (m=50,l=1601)
c     測定値．周波数 (Hz)，挿入損失 (dB)，位相差 (deg.)
      real*8 freq(l),dB(l),deg(l)
      common /seq/n,a(m,m+1),x(m)
      data n / 2/,pai/3.14159265358979323d0 /
ccc        データファイルや出力ファイル                ccccccccc
      write(6,1000)
 1000 format('output file name    : ',$)
      read(*,*) filnam
c     測定したデータ
      write(6,1500)
 1500 format('data file name      :',$)
      read(*,*) dfilnam
c     初期値 (任意) の決定
      write(6,2000)
 2000 format('epsilon [real imag] :',$)
      read(*,*) eps_rl,eps_im
c     試料の厚み
      write(6,2500)
 2500 format(' Thickness  [mm]    :',$)
      read(*,*) d3
ccc        ファイルに書き込む変数                       ccccccc
      open(unit=11,file=filnam)
      write(6,3000)  d3
      write(11,3000) d3
```

```
 3000 format('##  Thickness  [mm] ',f6.2,)
      write(6,3500)
      write(11,3500)
 3500 format('##   freq[Ghz]     eps_re    eps_im                   ')
cccccc              データの読み込み                              cccccc
      open(unit=10,file=dfilnam,status='old')
      do 600 i=1,l
         read(10,*,end=9000) freq(i),dB(i),deg(i)
 600  continue
      write(6,*) freq(1),dB(1),deg(1)
      close(unit=10,status='keep')
      del    = 0.0003
c     透磁率の実部，虚部
      mu_rl  = 1.000
      mu_im  = 0.000
cccccc              計算の始まり                                  cccccc
      do 700 i=1,l
         d  = d3*1e-3
         dlam = d*freq(i)/2.99792e8
         num_cnt = 0
 20      num_cnt = num_cnt + 1
         call toukakei (eps_rl,    eps_im,mu_rl,mu_im,dlam,f1)
         call toukakei (eps_rl+del,eps_im,mu_rl,mu_im,dlam,f2)
         a(1,1) = (cdabs(f2)-cdabs(f1)) / del
         a(2,1) = (atan(imag(f2)/real(f2))-atan(imag(f1)/real(f1)))
         / del
         call toukakei (eps_rl,eps_im+del,mu_rl,mu_im,dlam,f2)
         a(1,2) = (cdabs(f2)-cdabs(f1)) / del
         a(2,2) = (atan(imag(f2)/real(f2))-atan(imag(f1)/real(f1)))
         / del
         a(1,3) = -(cdabs(f1)-1*10**(dB(i)/20))
         a(2,3) = -(atan(imag(f1)/real(f1))-deg(i)*pai/180)
         call simeq(*99)
         eps_rl = eps_rl + x(1)
         eps_im = eps_im + x(2)
         call toukakei (eps_rl,eps_im,mu_rl,mu_im,dlam,f1)
c        測定値と計算値との残差の評価値 (1e-7 以下)
         if (num_cnt.lt.300.and.cdabs(f1)-1*10**(dB(i)/20).ge.1e-7)
         then
            goto 20
         else
            goto 300
         endif
 99      continue
```

```
 300      eps_im_r =  eps_im
          write(6,520) freq(i)/1e9,eps_rl,eps_im
          write(11,520) freq(i)/1e9,eps_rl,eps_im
 520      format(4x,f8.5,5x,f8.5,5x,f8.5,5x)
 700      continue
 10       close(unit=11)
 9000     stop
          end
cccccccccccccccccccccccccccccccccccccccccccccccccccccccccccccccccccccc
ccc       subroutine toukakei(eps_rl,eps_im,mu_rl,mu_im,dlam,T)
cccccccccccccccccccccccccccccccccccccccccccccccccccccccccccccccccccccc
          real*8 eps_rl,eps_im,mu_rl,mu_im,dlam
          complex*16 epsr,mu,j,root1,root2,e1,e2,e0,T
        &            ,R21,R23,T12,T23
          data j/(0.0e0,1.0e0)/,pi/3.141592e0/
          epsr = cmplx(eps_rl,-1*eps_im)
          mu   = cmplx(mu_rl,-1*mu_im)
          root1 = cdsqrt(epsr*mu)
          root2 = cdsqrt(mu/epsr)
          R21=(root2-1)/(root2+1)
          R23=R21
          T12=2/(root2+1)
          T23=2*root2/(root2+1)
          e0   = cdexp(-2.0e0*pi*j*dlam)
          e1   = cdexp( 2.0e0*pi*j*root1*dlam)
          e2   = cdexp(-2.0e0*pi*j*root1*dlam)
c        透過係数 T の計算
          T=(T12*T23*e2)/(1-R21*R23*e2*e2)/e0
          return
          end
cccccccccccccccccccccccccccccccccccccccccccccccccccccccccccccccccccccc
ccc      subroutine simeq(*)
cccccccccccccccccccccccccccccccccccccccccccccccccccccccccccccccccccccc
         implicit real (a-h,o-z)
         parameter (m=50,eps=1.0e-6)
         common /seq/n,a(m,m+1),x(m)
         do 50 k=1,n-1
         max=k
          do 10 i=k+1,n
            if(abs(a(i,k)).gt.abs(a(max,k))) max=i
10        continue
          if(abs(a(max,k)).lt.eps) return 1
          if(max.ne.k) then
          do 20 j=k,n+1
```

```
         t=a(k,j)
         a(k,j)=a(max,j)
         a(max,j)=t
20       continue
         end if
         do 40 i=k+1,n
         t=a(i,k)/a(k,k)
         do 30 j=k+1,n+1
         a(i,j)=a(i,j)-t*a(k,j)
30       continue
40       continue
50       continue
          do 70 k=n,1,-1
               a(k,n+1)=a(k,n+1)/a(k,k)
          do 60 i=k-1,1,-1
              a(i,n+1)=a(i,n+1)-a(k,n+1)*a(i,k)
60        continue
70      continue
          do 80 i=1,n
        x(i)=a(i,n+1)
80      continue
        return
end
```

参考文献

[1] 九鬼 孝夫, 藤掛 英夫, 野本 俊裕, 内海 要三：“液晶を用いたマイクロ波可変遅延線の設計とその挿入損に関する一考察”, 信学論 (C), Vol.J84-C No.2, pp.90-96 (2001).

[2] 鍵和田 啓介, 橋本 修, 平田 圭一, 都甲 康夫：“X帯おける液晶材料の複素誘電率測定法と測定結果”, 信学論 (B), Vol.J84-B No.5, pp.945-947 (2001).

[3] 鈴木 桂二：“マイクロ波測定”, コロナ社, pp.179–184 (1957).

[4] 柴田 幸司, 谷 健祐, 橋本 修, 平田 圭一：“マイクロ波帯における同軸線路透過法を用いた液体物体の複素比誘電率測定”, 信学技報, EMCJ2002-77, pp.1-6 (2002).

[5] 柴田 幸司, 橋本 修, 酒井 泰二, 谷 健祐, 平田 圭一：“マイクロ波帯における同軸線路透過波法を用いた液晶の比誘電率測定”, 信学論 (B), Vol.J86-B No.3, pp.604-607 (2003).

第4章

方形導波管法

本章では導波管法の中でも最も一般的な方形導波管を用いて測定を行う，方形導波管定在波法について説明する．説明ではまず，方形導波管内の電磁界に対する基本事項を踏まえて，測定の原理を述べる．そして，複素誘電率や，複素誘電率と複素透磁率の同時測定法について具体例をもとに説明する．

4.1　測定の概要

図 4.1 のように電界方向が壁面の上下方向にはっきり決まっている TE_{10} モードが伝搬している方形導波管内に，厚みが一定の試料を挿入すると，その境界面において反射や透過が起こり，管内に定在波が生じる．この時，方形導波管内は，自由空間と同じように伝送線理論を用いて表現することができ，試料側を見込んだ入力インピーダンスや $\dot{S}_{11}$(反射係数) および $\dot{S}_{21}$(透過係数) を理論的に計算できる．

また，方形導波管内の電界強度を測定できる定在波測定器を用いて，管内の電圧定在波比 $\rho\ (= V_{max}/V_{min})$ や試料前面から電圧最小点までの距離 l_{min} を測定することにより，試料側を見込んだ入力インピーダンス $\dot{Z}_m$ が測定でき，また，ネットワークアナライザーを用いれば $\dot{S}_{11}$ や $\dot{S}_{21}$ も測定可能である．そこで，一例として測定した入力インピーダンス $\dot{Z}_m$ を用いて考えると，これらの測定結果 $\dot{Z}_m$ と計算結果 $\dot{Z}_c$ を等しいとおくことにより，次式を用いて複素誘電率を測定できることになる．

$$\dot{Z}_m(\lambda, l_{min}, V_{max}, V_{min}) = \dot{Z}_c(\dot{\varepsilon}_r, \dot{\mu}_r, \lambda, d) \tag{4.1}$$

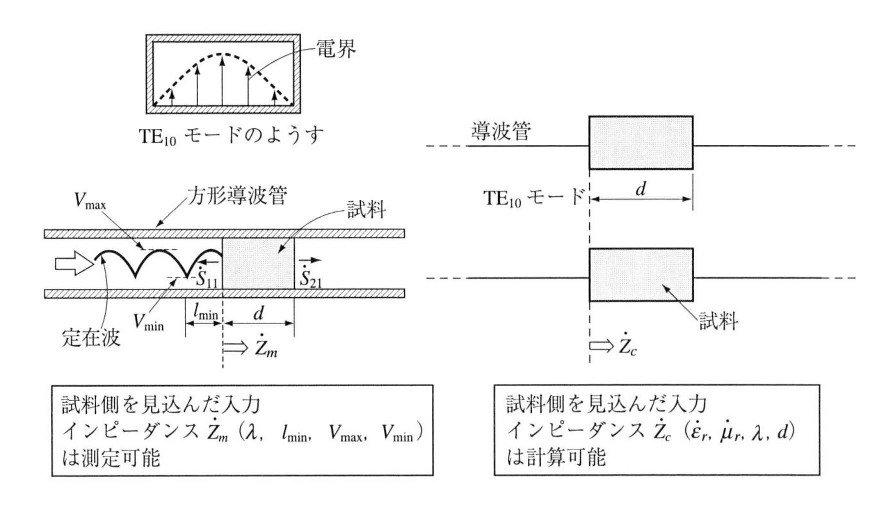

図 **4.1**　方形導波管法の考え方

この式において，λ は測定波長，d は試料の厚みである．

さて，以上の測定において大事なことは，インピーダンスが複素数ということである．そのため，(4.1) 式は 1 つであるが，この式の両辺が等しくなるためには，この式の実部と虚部がともに等しくなる必要があり，実際には 2 つの式があることと同じである．このことから，もし，測定試料が誘電材料である場合 ($\dot{\mu}_r = 1.0 - j0.0$) には，上式を用いて未知数としての複素比誘電率の実部と虚部の 2 つが決定できる．

さらに，磁性材料のように，複素比誘電率のみならず，複素比透磁率も同時に測定する必要がある場合について説明する．この場合には，上の議論を踏まえて，条件の異なる 2 つの状況で同じ試料を測定すればよい．例えば図 4.2 のように，試料単体の状態に加え，試料の後部に誘電率が既知の材料が存在する場合を同じように測定する．このようにすると，2 つの異なる状態での入力インピーダンスを測定したことになり，測定したい未知数 4 つ (複素比誘電率と複素比透磁率の実部と虚部) に対して，式も 4 つとなり，これらの式を連立させて解くことにより $\dot{\varepsilon}_r$ と $\dot{\mu}_r$ が同時に測定できる．

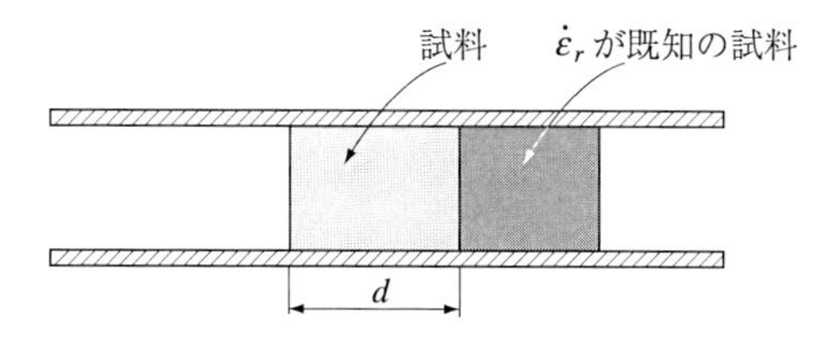

図 **4.2** $\dot{\varepsilon}_r$, $\dot{\mu}_r$ の同時測定の考え方

4.2 測定の詳細

4.2.1 方形導波管

自由空間における反射・透過解析と同様に導波管内における反射・透過解析は，伝送線理論を用いることができる．しかし，この場合も自由空間と同様に伝送線路へ変換する際，導波管内の伝搬定数や波動インピーダンスを理解していなければならない．そこで，ここでは，測定に用いる導波管として一般的な方形導波管に着目し，その内部の伝搬について説明する．

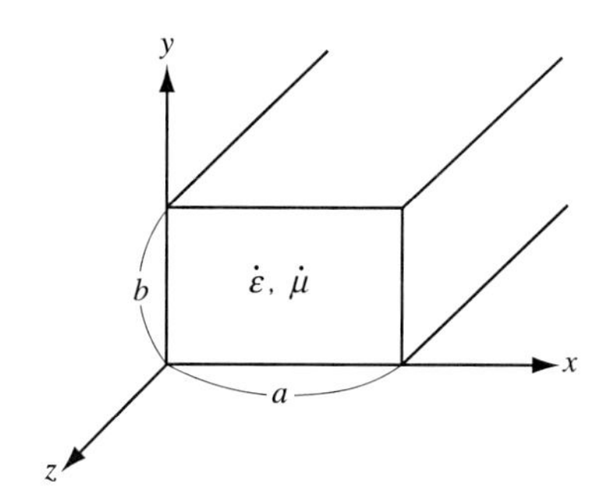

図 **4.3** 方形導波管内の伝搬

以下，次の波動方程式を用いて，断面が $a \times b$ の方形導波管内を伝搬する電磁界について計算してみる．

$$\nabla \times \boldsymbol{E} + j\omega\dot{\mu}\boldsymbol{H} = 0 \tag{4.2}$$

$$\nabla \times \boldsymbol{H} - j\omega\dot{\varepsilon}\boldsymbol{E} = 0 \tag{4.3}$$

すなわち，測定には一般に TE_{10} モードを用いるので，解析においても TE 波

$(E_z = 0)$ に着目し，マクスウェルの方程式をスカラー方程式に分解すると，(4.2) 式より

$$-\frac{\partial E_y}{\partial z} + j\omega\dot{\mu}H_x = 0 \tag{4.4}$$

$$\frac{\partial E_x}{\partial z} + j\omega\dot{\mu}H_y = 0 \tag{4.5}$$

$$\frac{\partial E_y}{\partial x} - \frac{\partial E_x}{\partial y} + j\omega\dot{\mu}H_z = 0 \tag{4.6}$$

(4.3) 式より

$$\frac{\partial H_z}{\partial y} - \frac{\partial H_y}{\partial z} - j\omega\dot{\varepsilon}E_x = 0 \tag{4.7}$$

$$\frac{\partial H_x}{\partial z} - \frac{\partial H_z}{\partial x} - j\omega\dot{\varepsilon}E_y = 0 \tag{4.8}$$

$$\frac{\partial H_y}{\partial x} - \frac{\partial H_x}{\partial y} = 0 \tag{4.9}$$

が得られる．以下，これらのスカラー方程式を用いて解析のプロセスは一般に行われるように，まず，(1) すべての電磁界成分を H_z で表し，次に，(2)H_z についての波動方程式を導出し，そして，(3) この波動方程式を解いて H_z を求めた後，導出した H_z を用いてすべての成分を導く．この一連の解析を行うために，z 方向の伝搬定数を $\beta(\dot{\gamma} = j\beta)$ とすると伝搬する電波は $e^{-j\beta z}$ であるから，$\partial/\partial z = -j\beta$ となる．このことを考慮して次の作業を順次行う．

(1)　(4.8) 式に (4.6) 式を代入して (4.8) 式から H_y を消去する．

$$\frac{\partial H_z}{\partial y} + \frac{1}{j\omega\dot{\mu}}\frac{\partial^2 E_x}{\partial z^2} - j\omega\dot{\varepsilon}E_x = 0 \tag{4.10}$$

$$\Downarrow$$

$$E_x = \frac{-j\omega\dot{\mu}}{k^2 - \beta^2}\frac{\partial H_z}{\partial y} \qquad (k^2 = \omega^2\dot{\varepsilon}\dot{\mu}) \tag{4.11}$$

(2)　(4.9) 式に (4.5) 式を代入して (4.9) 式から H_x を消去する．

$$E_y = \frac{j\omega\dot{\mu}}{k^2 - \beta^2}\frac{\partial H_z}{\partial x} \tag{4.12}$$

(3)　(4.5) 式に (4.12) 式を代入する．

$$H_x = \frac{1}{j\omega\dot{\mu}}\frac{\partial E_y}{\partial z} = -\frac{\beta}{\omega\dot{\mu}}E_y = -j\frac{\beta}{k^2-\beta^2}\frac{\partial H_z}{\partial x} \tag{4.13}$$

(4) (4.6) 式に (4.11) 式を代入する．

$$H_y = -\frac{1}{j\omega\dot{\mu}}\frac{\partial E_x}{\partial z} = -j\frac{\beta}{k^2-\beta^2}\frac{\partial H_z}{\partial y} \tag{4.14}$$

(5) (4.6) 式に (4.11) 式，(4.12) 式を代入すると，波動方程式は

$$\frac{d^2 H_z}{dx^2} + \frac{d^2 H_z}{dy^2} + k_c^2 H_z = 0 \tag{4.15}$$

となる．ここで $k_c^2 = k^2 - \beta^2$（自由空間では $k^2 = {k_0}^2 = \omega^2\varepsilon_0\mu_0$）である．

ここまでの作業により H_z を用いて他の各電磁界成分を表すことができ，また H_z に対する波動方程式が導出できた．さらにこの過程において伝搬定数 β が求まると，平面波に対して，波動インピーダンスを求めることができたのと同様に (4.14) 式より，導波管内の TE モードについても特性インピーダンスが決定できる．そして，これらを用いて伝送線理論を適用し，導波管内における反射と透過の問題を解析できる．

平面波の場合： $\dfrac{E_x}{H_y} = \dfrac{\omega\mu_0}{k_0} = \sqrt{\dfrac{\mu_0}{\varepsilon_0}} \simeq 376.7 \quad [\Omega]$

導波管内 (TE モード) の場合： $\dfrac{E_x}{H_y} = \dfrac{\omega\dot{\mu}}{\beta}$ （4.14 式より）

さて，そのために波動方程式 (4.15) 式を変数分離法 (境界値問題) を適用して解く．そのために H_z を次のように x と y の関数 $X(x)$，$Y(y)$ の積として $H_z(x,y) = X(x)\cdot Y(y)$ と表し (4.15) 式に代入する．

$$Y\frac{d^2X}{dx^2} + X\frac{d^2Y}{dy^2} + k_c^2 XY = 0 \tag{4.16}$$

そしてこれらの両辺に $1/XY$ をかけると

$$\frac{1}{X}\frac{d^2X}{dx^2} + \frac{1}{Y}\frac{d^2Y}{dy^2} + k_c^2 = 0 \tag{4.17}$$

となり，$k_c^2 = p^2 + q^2$ とおいて，次の x および y に関する 2 階線形微分方程式

に分離する．

$$\frac{1}{X}\frac{d^2X}{dx^2} = -p^2 \tag{4.18}$$

$$\frac{1}{Y}\frac{d^2Y}{dy^2} = -q^2 \tag{4.19}$$

ここで，(4.18) 式を解くと，任意の振幅定数を A，B として解は次のようになる．

$$\frac{d^2X}{dx^2} + p^2X = 0 \tag{4.20}$$

$$\Downarrow$$

$$X(x) = A\cos px + B\sin px \tag{4.21}$$

また，(4.19) 式を解くと，任意の振幅定数を C，D として解は次のようになる．

$$\frac{d^2Y}{dy^2} + q^2Y = 0 \tag{4.22}$$

$$\Downarrow$$

$$Y(y) = C\cos qy + D\sin qy \tag{4.23}$$

これより H_z は X と Y の積として次のようになる．

$$\begin{aligned} H_z(x,y) &= X(x)\cdot Y(y) \\ &= (A\cos px + B\sin px)\cdot(C\cos qy + D\sin qy) \end{aligned} \tag{4.24}$$

さて，以上の解に壁面での境界条件を適用するが，ここでの境界条件は図 4.4

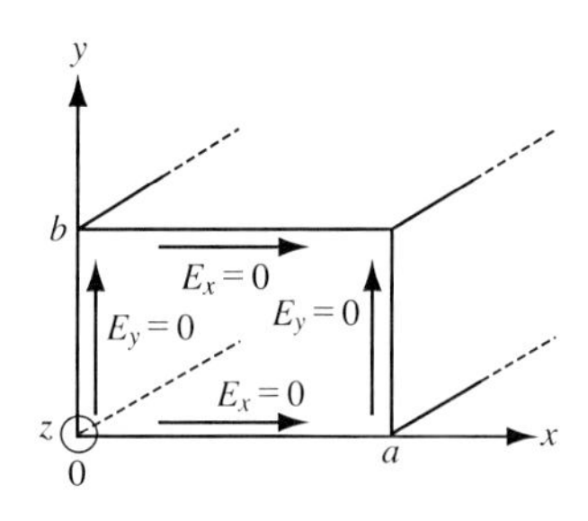

図 **4.4**　境界条件

より次の 2 つとなる．

(1) $y = 0, b$ のとき

$$E_x = -\frac{j\omega\dot{\mu}}{k_c^2}\frac{dH_z}{dy} = 0 \quad \Rightarrow \quad \frac{dH_z}{dy} = 0 \tag{4.25}$$

(2) $x = 0, a$ のとき

$$E_y = \frac{j\omega\dot{\mu}}{k_c^2}\frac{dH_z}{dx} = 0 \quad \Rightarrow \quad \frac{dH_z}{dx} = 0 \tag{4.26}$$

これより，(4.24) 式において $x = 0, y = 0$ の条件より，$B = 0, D = 0$ であるから

$$H_z = A \cdot C \cos px \cos qy \tag{4.27}$$

となる．さらに,$x = a$ の条件より $\sin pa = 0$ であるから, p は次のように決定される．

$$p = \frac{n\pi}{a} \quad (n = 0, 1, 2, \ldots) \tag{4.28}$$

また，$y = b$ の条件より $q = m\pi/b$ $(m = 0, 1, 2, \ldots)$ となり，最終的に H_z は次のようになる．

$$H_z = A \cdot C \cos \frac{n\pi}{a} x \cos \frac{m\pi}{b} y \tag{4.29}$$

さらに k_c^2 は次のように定まったので

$$k_c^2 = p^2 + q^2 = \left(\frac{n\pi}{a}\right)^2 + \left(\frac{m\pi}{b}\right)^2 = k^2 - \beta^2 \tag{4.30}$$

β は n と m の変化に対して β_{nm} と表すと次のようになる．

$$\begin{aligned} \beta_{nm} &= \sqrt{k^2 - \left(\frac{n\pi}{a}\right)^2 - \left(\frac{m\pi}{b}\right)^2} \\ &= \frac{2\pi}{\lambda}\sqrt{\dot{\varepsilon}_r\dot{\mu}_r - \left(\frac{n\lambda}{2a}\right)^2 - \left(\frac{m\lambda}{2b}\right)^2} \end{aligned} \tag{4.31}$$

ここで k^2 は $\omega^2\dot{\varepsilon}\dot{\mu}$ であり，導波管内が中空である場合には $k_0^2 = \omega^2\varepsilon_0\mu_0$ と表される．また，測定で一般に用いられる TE_{10} モード $(n = 1, m = 0)$ について E_y を計算すると (4.12) 式より

$$E_y = \frac{j\omega\dot{\mu}}{k^2 - \beta^2}\frac{\partial H_z}{\partial x} \propto \sin\frac{n\pi}{a}x\cos\frac{m\pi}{b}y \tag{4.32}$$

となり，図 4.5 に示すように x 方向に電界の山が 1 つのモードとなっている．この場合，導波管内部の伝搬においては $e^{-j\beta z}$ が β の符号によって伝搬，非伝搬モードに変化する．

$$\beta = \begin{cases} \text{実数} & (\text{伝搬}) \\ 0 & (\text{遮断}) \\ \text{虚数} & (\text{非伝搬}) \end{cases} \tag{4.33}$$

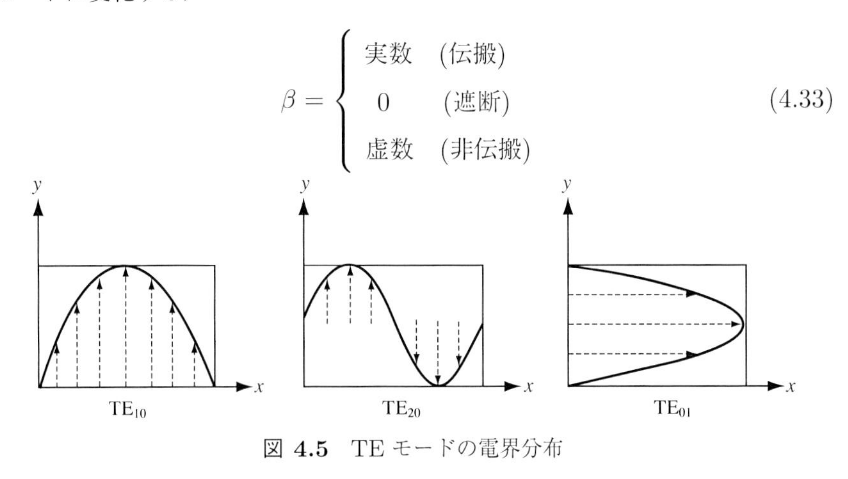

図 **4.5**　TE モードの電界分布

さて，このようにモードが解析できたので，TE_{10} モードの伝搬条件を一例として考えてみる．すなわち，TE_{10} モードが伝搬可能な条件は，$n = 1, m = 0$ であるから

$$1 - \left(\frac{\lambda}{2a}\right)^2 > 0 \quad \Rightarrow \quad a > \frac{\lambda}{2} \tag{4.34}$$

となり，次の伝搬モードである TE_{20} モードが伝搬不能な条件は，$n = 2, m = 0$ であるから

$$1 - \left(\frac{\lambda}{a}\right)^2 < 0 \quad \Rightarrow \quad a < \lambda \tag{4.35}$$

となる．そしてこれらの結果，TE_{10} モードのみが伝搬可能な条件は次のようになる．

$$\frac{\lambda}{2} < a < \lambda \tag{4.36}$$

このような議論から方形導波管を用いた測定では 1 つの導波管で測定できる周

波数範囲が限定されることがわかる．

さて，TE_{nm} モードについてその電磁界および伝搬定数を求めたが，特に測定で使用する TE_{10} モードの場合について，内部が中空 (ε_0, μ_0) の場合と媒質 $(\dot{\varepsilon}_r, \dot{\mu}_r)$ が充填されている場合について，その伝搬定数 $(\dot{\gamma}_g, \dot{\gamma})$ と特性インピーダンス $(Z_g, \dot{Z}_w)$ をまとめて示す．

(1)　中空の場合

$$\dot{\gamma}_g = j\frac{2\pi}{\lambda_g} = j\frac{2\pi}{\lambda}\sqrt{1-(\lambda/2a)^2} \tag{4.37}$$

$$Z_g = \frac{Z_0}{\sqrt{1-(\lambda/2a)^2}} \tag{4.38}$$

(2)　媒質が充填されている場合

$$\dot{\gamma} = j\frac{2\pi}{\lambda}\sqrt{\dot{\varepsilon}_r\dot{\mu}_r-(\lambda/2a)^2} \tag{4.39}$$

$$\dot{Z}_w = \frac{Z_0\dot{\mu}_r}{\sqrt{\dot{\varepsilon}_r\dot{\mu}_r-(\lambda/2a)^2}} \tag{4.40}$$

ここで，

λ　：自由空間波長

λ_g：管内波長

a　：導波管の横寸法

$Z_0 = \sqrt{\mu_0/\varepsilon_0} \simeq 376.7$　：自由空間の特性インピーダンス

$\dot{\varepsilon}_r$：媒質の複素比誘電率

$\dot{\mu}_r$：媒質の複素比透磁率

以上の議論から媒質が充填された方形導波管内を伝搬する TE_{10} モードについて，その内部における反射や透過を考える場合には，次のように伝送線理論に置き換えて考えることができる．

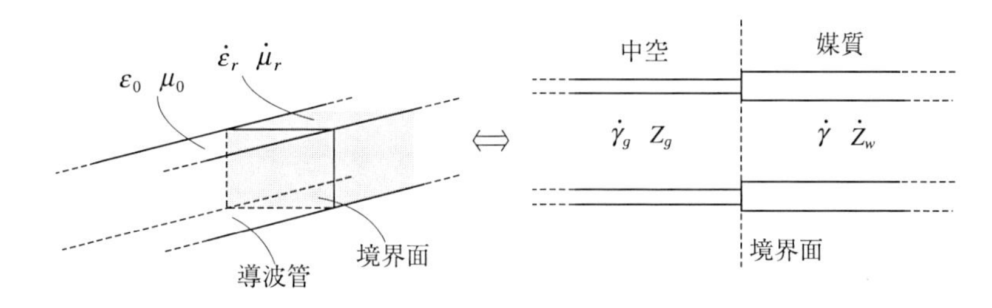

図 **4.6**　伝送線理論への置き換え

4.2.2　測定の原理

ここでは前節で述べた方形導波管内を伝搬する TE_{10} モードに着目し，導波管内の反射と透過の解析を伝送線理論を用いて行い，材料定数の測定を行う原理について説明する．

(a) インピーダンスの測定

導波管内のインピーダンスの測定は一般的に次のようにして行われる．すなわち，一般に，負荷 $\dot{Z}_L$ から距離 l だけ離れた位置から負荷側を見込んだインピーダンス $\dot{Z}_{in}$ は，伝搬定数を $\dot{\gamma}_g$，特性インピーダンスを Z_g とすれば，伝送線理論を用いて次のように表すことができる．

$$\dot{Z}_{in} = Z_g \frac{\dot{Z}_L + Z_g \tanh(\dot{\gamma}_g l)}{Z_g + \dot{Z}_L \tanh(\dot{\gamma}_g l)} \tag{4.41}$$

ここで，インピーダンスの測定においては図 4.7 に示すように，電圧最小点 l_{min} において V_{min} であれば，図 4.8 を参考にして $\dot{Z}_{in} = \dot{Z}_{min}$ であるから，

$$\rho = \frac{V_{max}}{V_{min}} = \frac{V_{max}}{I_{max}} \cdot \frac{I_{max}}{V_{min}} = Z_g \cdot \frac{1}{\dot{Z}_{min}} \tag{4.42}$$

の関係を用いると (4.41) 式は次のようになる．

$$\frac{Z_g}{\rho} = \dot{Z}_{min} = Z_g \frac{\dot{Z}_L + Z_g \tanh(\dot{\gamma}_g l_{min})}{Z_g + \dot{Z}_L \tanh(\dot{\gamma}_g l_{min})} \tag{4.43}$$

これより $\dot{Z}_L$ は次のように ρ (V_{max}/V_{min}) と l_{min} を測定することにより求めることができる．

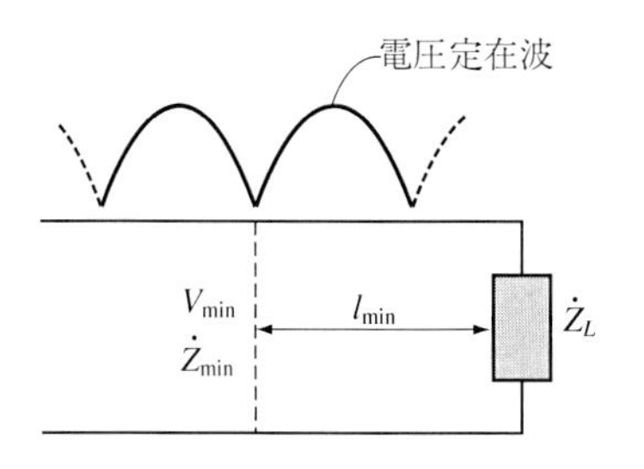

図 4.7 インピーダンスの測定

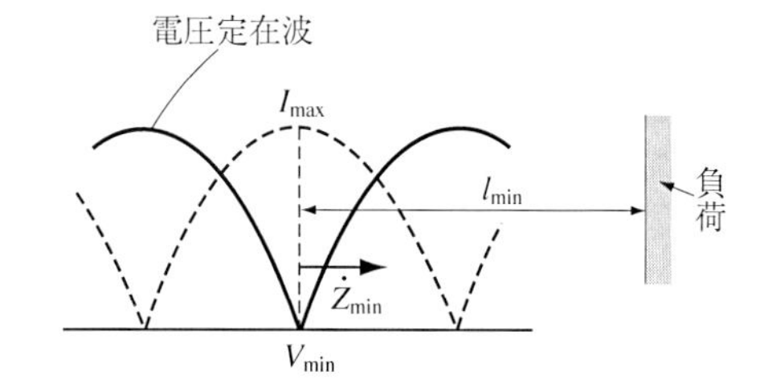

図 4.8 $\dot{Z}_{min}$ と ρ の関係

$$\rho \dot{Z}_L + \rho Z_g \tanh(\dot{\gamma}_g l_{min}) = Z_g + \dot{Z}_L \tanh(\dot{\gamma}_g l_{min}) \tag{4.44}$$

$$\Downarrow$$

$$\dot{Z}_L = \frac{Z_g(1 - \rho \tanh(\dot{\gamma}_g l_{min}))}{\rho - \tanh(\dot{\gamma}_g l_{min})} \tag{4.45}$$

このようにして，負荷インピーダンスが測定できるので理論的に導波管内の負荷インピーダンスが計算できれば，両者を等しいとおくことにより，負荷を構成する材料の材料定数を測定できることになる．以下，基本的にこの考え方を用いて種々の測定法について順に説明する．

(b) 短絡法

方形導波管内に試料を金属板 (短絡板) で短絡して挿入し，その前面の定在波を測定することにより $\dot{\varepsilon}_r$ を求める方法である．この場合の伝送線理論モデルを図 4.9 に示す．

この図より，基準面 T_1 として試料前面から見込んだ規格化インピーダンス $\dot{Z}_L/Z_g$ は

$$\frac{\dot{Z}_L}{Z_g} = \frac{\dot{Z}_w}{Z_g} \tanh(\dot{\gamma} d) \tag{4.46}$$

となる．ここで，測定には TE_{10} モードを用いるので，このモードに対する $\dot{Z}_w = j\omega\dot{\mu}/\dot{\gamma}$ (4.40 式) と $Z_g = j\omega\mu_0/\dot{\gamma}_g$ (4.38 式) を代入すると次のようになる．

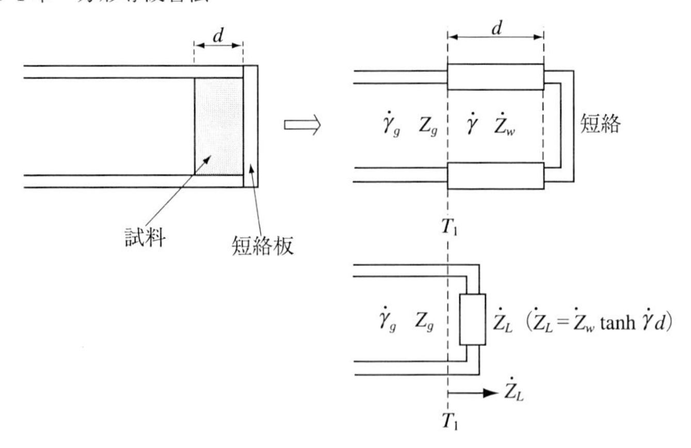

図 **4.9**　短絡法の考え方

$$
\begin{aligned}
\frac{\dot{Z}_L}{Z_g} &= \frac{j\omega\dot{\mu}/\dot{\gamma}}{j\omega\mu_0/\dot{\gamma}_g}\tanh(\dot{\gamma}d) = \frac{\dot{\mu}_r\dot{\gamma}_g}{\dot{\gamma}}\tanh(\dot{\gamma}d) \\
&= \dot{\mu}_r\sqrt{\frac{1-(\lambda/2a)^2}{\dot{\varepsilon}_r\dot{\mu}_r-(\lambda/2a)^2}}\tanh\left(j\frac{2\pi}{\lambda}\sqrt{\dot{\varepsilon}_r\dot{\mu}_r-(\lambda/2a)^2}d\right)
\end{aligned}
\tag{4.47}
$$

この式において試料が非磁性体の場合には，$\dot{\mu}_r = 1$ であることから $\dot{\varepsilon}_r$ のみを決定すればよく，先に述べたように $\dot{Z}_L$ は測定可能であることから $\dot{\varepsilon}_r$ についての超越方程式を解くことにより測定が可能となる．

(c) 無反射法

図4.10の等価回路に示すように方形導波管の終端を無反射終端で短絡すると $\dot{Z}_w$ で短絡したことと等価になる．この場合も伝送線理論で基準面 T_1 として試料前後から終端側を見込んだ規格化インピーダンスを計算すると次のようになる．

$$
\dot{Z}_L = \dot{Z}_w\frac{\dot{Z}_w + \dot{Z}_w\tanh(\dot{\gamma}d)}{\dot{Z}_w + \dot{Z}_w\tanh(\dot{\gamma}d)} = \dot{Z}_w \tag{4.48}
$$

この結果より，伝送路は特性インピーダンス $\dot{Z}_w$ の無限長線路と考えることができ，これに TE_{10} モードの特性インピーダンスを用いると次のような簡単な式になり測定が可能となる.

$$\frac{\dot{Z}_L}{Z_g} = \frac{j\omega\dot{\mu}/\dot{\gamma}}{j\omega\mu_0/\gamma_g} = \frac{\dot{\mu}_r\dot{\gamma}_g}{\dot{\gamma}} = \dot{\mu}_r\sqrt{\frac{1-(\lambda/2a)^2}{\dot{\varepsilon}_r\dot{\mu}_r-(\lambda/2a)^2}} \tag{4.49}$$

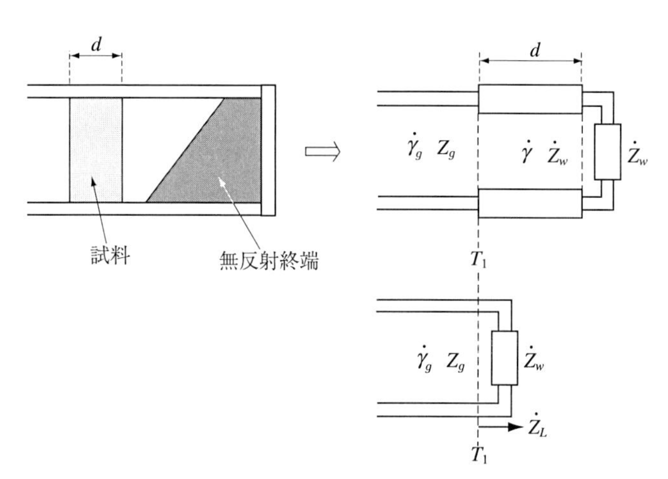

図 **4.10** 無反射法の考え方

さらに図 4.11 のような同軸管の場合には $(\lambda/2a) \to 0$ として考えることができ,さらに簡略化され,次のようになることから測定が容易となる (2.2.3 項参照).

$$\frac{\dot{Z}_L}{Z_g} = \sqrt{\frac{\dot{\mu}_r}{\dot{\varepsilon}_r}} \tag{4.50}$$

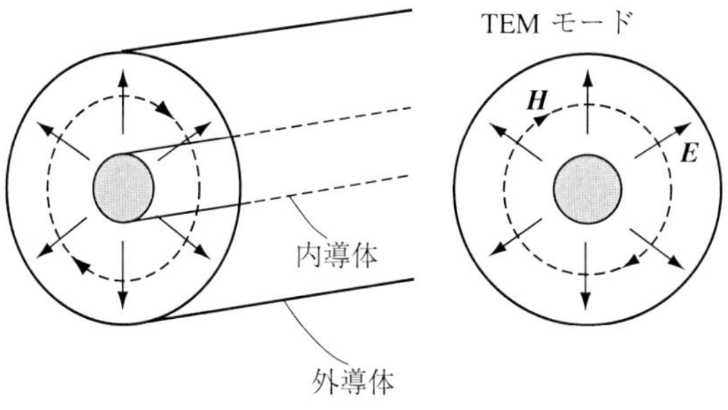

TEM モード

H

E

内導体

外導体

図 **4.11** 同軸管内の電磁界

(d) 開放短絡法

$\dot{\varepsilon}_r$ と $\dot{\mu}_r$ を同時に測定したい場合には，条件の異なる構成で 2 ケースの測定を行い，その結果から求める必要がある．例えば，図 4.12 に示すように試料と短絡板の距離 l を変化させて 2 つのケースについて測定する．l の選択は任意であるが，もし，1 つのケースを $l = 0$ (短絡)，1 つのケースを $l = \lambda_g/4$ (開放，λ_g：管内波長) とすると，解析が容易となり取り扱いが便利である．すなわち，短絡の場合 $\dot{Z}_L = 0$ であることから試料側を見込んだ規格化インピーダンスは

$$\frac{\dot{Z}_{LS}}{Z_g} = \frac{\dot{Z}_w}{Z_g}\tanh(\dot{\gamma}d) = \alpha \tag{4.51}$$

となる．一方，開放の場合，すなわち，$l = \lambda_g/4$ のときには

$$\dot{Z}_L = Z_g \tanh\left(\dot{\gamma}_g \frac{\lambda_g}{4}\right) = Z_g \tanh\left(j\frac{2\pi}{\lambda_g}\frac{\lambda_g}{4}\right) \to \infty \tag{4.52}$$

となるから，規格化インピーダンスは

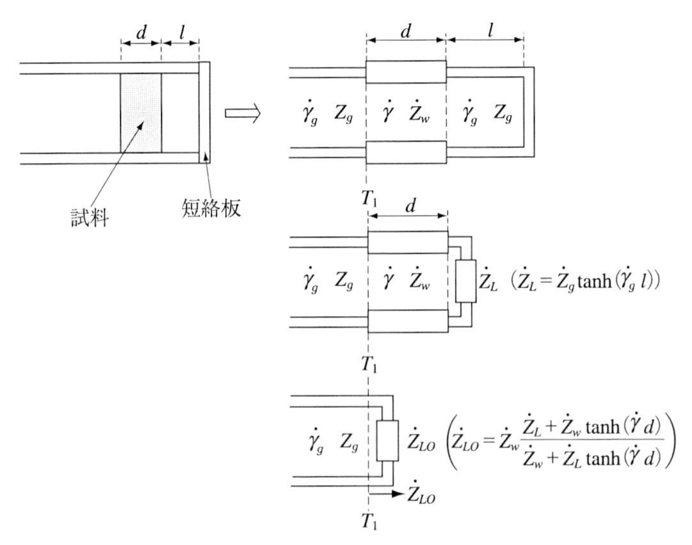

図 **4.12**　開放短絡法の考え方

$$\frac{\dot{Z}_{LO}}{Z_g} = \frac{1}{Z_g}\left(\dot{Z}_w \frac{1+(\dot{Z}_w/\dot{Z}_L)\tanh(\dot{\gamma}d)}{(\dot{Z}_w/\dot{Z}_L)+\tanh(\dot{\gamma}d)}\right)$$

$$= \frac{\dot{Z}_w}{Z_g}\coth(\dot{\gamma}d) = \beta \tag{4.53}$$

となる．そして，これらの結果から一例として $\alpha \cdot \beta$ および α/β を求めると次のように式が簡単になり，この 2 つの式から $\dot{\varepsilon}_r$ と $\dot{\mu}_r$ の実部と虚部，すなわち，4 つの未知数を同時に決めることができる．この場合，一般には実部と虚部を含めて 4 つの未知数を同時に決定する必要があることから，4 次元のニュートン法を用いる．

(1)
$$\alpha \cdot \beta = \dot{\mu}_r^2 \frac{1-(\lambda/2a)^2}{\dot{\varepsilon}_r\dot{\mu}_r-(\lambda/2a)^2} \tag{4.54}$$

(2)
$$\alpha/\beta = \tanh^2(\dot{\gamma}d) \tag{4.55}$$

以上の説明は l が零および $\lambda_g/4$ の場合であるが，一般的に l の長さは任意として測定する．

4.3　測定の実際

4.3.1　測定準備

(a) 注意点

方形導波管法による測定系の組み立てから実際の測定までを順を追って説明する．

すなわち，図 4.13 に定在波測定器による導波管系を示すが，それぞれのコンポーネントはノックピンを用い導波管内面に段差が生じないように確実に接続する必要がある．発信器の入力 VSWR は 1.5 から 2.0 程度とあまりよくない場合があり，さらに同軸ケーブルから同軸導波管変換器を介して導波管系に接続した場合もこの部分からの反射のため，定在波の測定に誤差を生じる．この影響をなくし，正確な測定を行うためには定在波測定器の前段にアイソレータと半固定減衰器を挿入する必要がある．アイソレータは負荷側の反射波を吸収

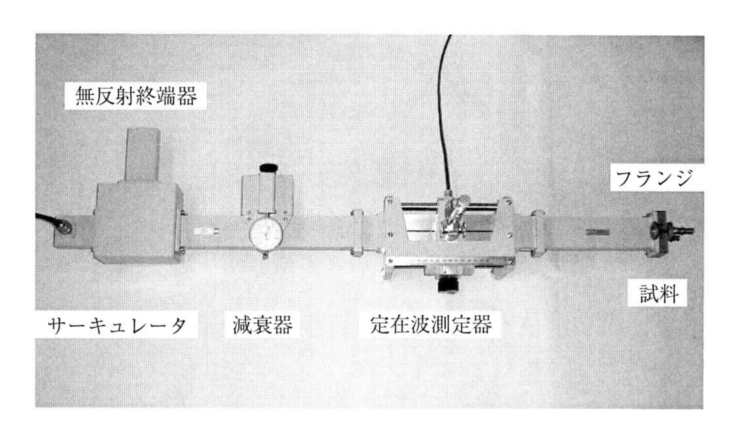

図 **4.13**　測定系の様子 (5GHz 帯用)

し見かけ上の電源の VSWR を良くする．しかし，アイソレータ自身の VSWR は全周波数帯域における最悪値が 1.2 程度であり，これ以上の残留 VSWR の改善は見込めない．そのために，アイソレータの後段に半固定減衰器を挿入する．これにより，負荷側の反射を半固定減衰器により減衰させ，さらに電源側により反射された電波は再び半固定減衰器により減衰され，残留 VSWR を低減することができる．

具体的に減衰量を 10dB とした場合，負荷側の定在波は往復で 20dB 減衰され，残留 VSWR はほとんど無くなる．しかし，発信器の電力も減衰されることになるので，減衰量を多くしすぎるとダイナミックレンジがとれなくなるので注意を要する．なお，発信器の電力を上げればその分ダイナミックレンジは上がるが，上げすぎると検波器のダイオードが破損することにも留意する必要がある．一般に 13dBm 以上の電力を検波器に入力しないことが目安としていわれている．また，定在波検出のための定在波増幅器は 1 kHz の波を選択して増幅する設計となっているために，発振出力も内部および外部から 1 kHz で変調する必要がある．さらに，アイソレータは無くすことも可能であるが，その分，残留 VSWR を低減させるために半固定減衰器の挿入量を多くする必要があり，電力を無駄に消費することになる．

(b) 測定系の確認

測定系が組み上がったらまず，以下の手順により測定系の確認を行う．

○ダイナミックレンジ

1. ノックピンおよび目視により導波管の接続具合を確認する．
2. 負荷端に短絡板を接続する．
3. 半固定減衰器の減衰量を 10dB，発信出力を+10dBm 程度として選択した周波数においてマイクロ波を発振させる．なお，定在波測定器の針は導波管の縦寸法 b の 1/20～1/10 程度の長さが導波管内に出ているようにつまみによりあらかじめ調整する．
4. 負荷端に短絡板を接続し定在波測定器のつまみを回し，定在波増幅器の針が最大となる場所を探す．この場所において定在波増幅器の針が 0dB (VSWR=1.0) の所にくるようにつまみにより調整する．
5. さらに定在波測定器のつまみを回し，針が左側の最大となる部分を探す．なお，針が左側に振り切れるのでその時は定在波増幅器のレンジを変更し振り切れない位置にする．
6. この値から ρ(VSWR) を読み取り測定系のダイナミックレンジを確認する (ρ が大きいほど良い)．この時，さらに定在波測定器のつまみを回し最大にする．

○残留 VSWR

1. 発振出力を止め，負荷端の短絡板の代わりに終端器 (VSWR=1.05 以下のダミーロード) を接続する．
2. 発振器の出力を入れ，先の 4，5 と同じ要領により，残留 VSWR を測定する．この時，残留 VSWR が小さいほど良好な測定系であり，精密な測定を行うためには，残留 VSWR を 1.05 以下程度とする必要がある．
3. 残留 VSWR が悪化している場合，その原因としてまず，先に説明した負荷側への反射の影響があり，半固定減衰器の減衰量を増やすことによりこれを改善できる．また，定在波測定器の針の入れすぎも残留 VSWR 悪化の要因となるので，場合により挿入量を調整する．なお，減衰器の

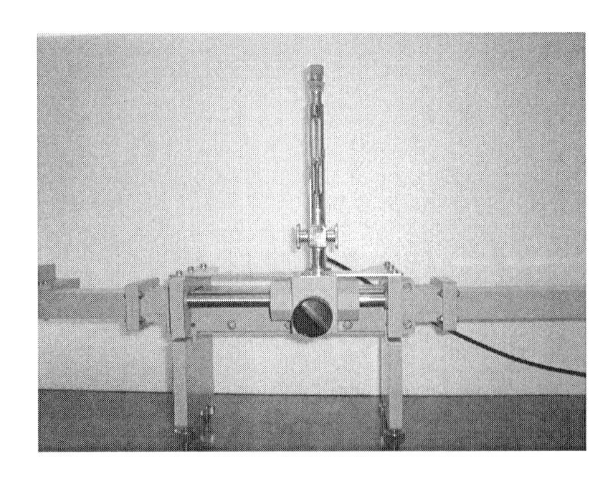

図 **4.14**　定在波測定器

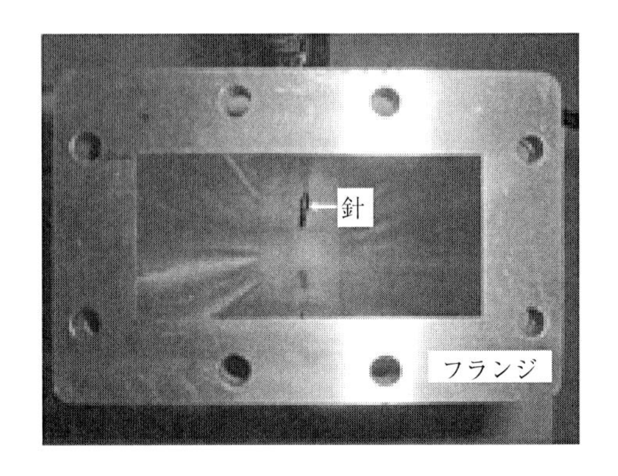

図 **4.15**　導波管の断面

挿入量の分だけ発振出力を上げることができるので，全体的に適宜各部分の調整を行う．その他，発信器にガン OSC 等を用いる場合，高調波が残留 VSWR に悪影響を与える場合があるので，ローパスフィルター (LPF) を入れる必要がある場合がある．

以上の操作で測定系のチェックはほぼ完了である．前項の手順を参考に測定系をセットアップしたものについて，一例として半固定減衰器の挿入量に対するダイナミックレンジと残留 VSWR への影響について調べてみる．表 4.1，表 4.2 に減衰量と VSWR の関係を示すが，表 4.1 においては $\rho = 100$ 程度以上，表 4.2 においては $\rho = 1.05$ 程度以下であれば良好な測定系であると判断できる．

表 **4.1** ダイナミックレンジの測定例

減衰量 [dB]	ρ(VSWR)
0	220
10	83
20	51
30	26

表 **4.2** 残留 VSWR の測定例

減衰量 [dB]	ρ(VSWR)
0	1.006
10	1.004
20	1.004
30	1.002

この結果，本測定系において半固定減衰器の減衰量を 5 dB 程度に選べば，ダイナミックレンジが 100 以上確保され，残留 VSWR も 1.005 程度となり，測定に適した環境が整う．

4.3.2 誘電率の測定

ここでは一例として，測定周波数を 5.8GHz(ETC(自動料金収受システム) の使用周波数) とし短絡法を用い，誘電体試料 ($\dot{\mu}_r = 1.0 - j0.0$) の測定を行う．測定に用いる周波数 5.8GHz の TE_{10} モードにおける遮断周波数を考慮して方形導波管 WRJ-5 を用いる．この方形導波管の横寸法 a は 47.55mm であり，図 4.16 に測定に用いた導波管用試料とそのフランジを示す．

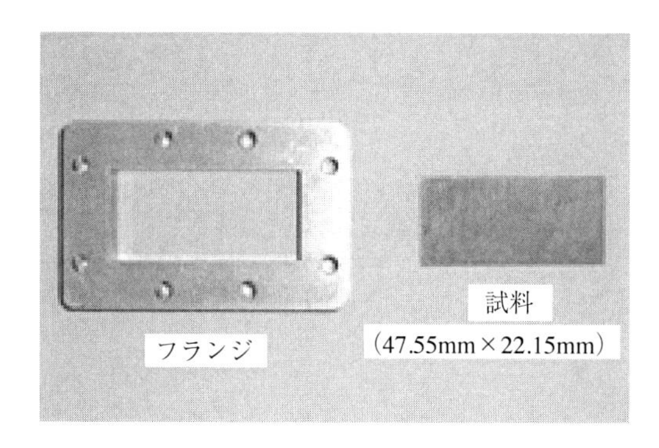

図 **4.16** フランジと試料 (5GHz 帯用)

表 **4.3** 厚みの測定

回数	厚み d[mm]
1	2.945
2	2.938
3	2.944
平均値	2.942

このような導波管を用いた測定においては，まずマイクロメータ等を用いて

試料の厚みを測定する．厚みは均一である必要があるが，実際の試料には少なからず厚みにばらつきがあるので異なる場所で数点測定し，その平均値を用いる．

次に試料を充填させる前に導波管内の定在波を確認する．周波数5.8GHzのTE_{10}モードにおける管内波長は以下で計算できる．そこで試料を充填する前に導波管端部を金属板で短絡し，電圧の最小点と最小点の距離が半波長になっているかを確認する．すなわち$\lambda_g/2$は

$$\frac{\lambda_g}{2} = \frac{\lambda}{2\sqrt{1-(\lambda/2a)^2}} = \frac{\dfrac{2.998\times10^8}{5.8\times10^9}}{2\sqrt{1-\left(\dfrac{2.998\times10^8}{5.8\times10^9}\bigg/2\times47.55\times10^{-3}\right)^2}}$$

$$= 30.789\ [\mathrm{mm}]$$

となる．そして次に以上の確認を行った後，試料を充填させ定在波測定器でl_{min}とρを測定した一例を表4.4と表4.5に示す．ここで，l_{min}は試料前面から周期的に現れるので，どの位置でのl_{min}を測定してもよいし，数ヶ所のl_{min}を測定し，その平均値を計算してもよい．

表 4.4　$\lambda_g/2$の測定結果の例

回数	V_{min1}[mm]	V_{min2}[mm]	$\lambda_g/2$[mm]
1	123.350	154.125	30.775
2	123.350	154.125	30.775
3	123.350	154.125	30.775
平均値	123.350	154.125	30.775

表 4.5　l_{min}，ρの測定結果の例

	l_{min}[mm]	ρ
1	27.183	60.0
2	27.183	60.0
3	27.183	65.0
平均値	27.183	63.3

このように，d，l_{min}およびρの測定が終了すると，先の(4.45)式および(4.47)式を用いて2次元のニュートン法により$\dot{\varepsilon}_r$を推定することができる．

$$\frac{\dot{Z}_L}{Z_g} = \frac{1-\rho\tanh(\dot{\gamma}_g l_{min})}{\rho-\tanh(\dot{\gamma}_g l_{min})} \quad (\text{測定}) \tag{4.56}$$

$$\frac{\dot{Z}_L}{Z_g} = \sqrt{\frac{1-(\lambda/2a)^2}{\dot{\varepsilon}_r-(\lambda/2a)^2}}\tanh\left(j\frac{2\pi}{\lambda}\sqrt{\dot{\varepsilon}_r-(\lambda/2a)^2}d\right)\ (\text{理論}) \tag{4.57}$$

すなわち，$\dot{\varepsilon}_r$ の初期値を ε_1' (実部) および ε_2' (虚部) とおくと，その初期値を (4.57) 式に代入して $\dot{Z}_L/Z_g$ が計算できる．そしてさらに，その値と (4.56) 式で得られた測定値 $\dot{Z}_L/Z_g$ の差を $f(\varepsilon_1', \varepsilon_2')$ とおき，その実部を $f_1(\varepsilon_1', \varepsilon_2')$，虚部を $f_2(\varepsilon_1', \varepsilon_2')$ とすると，ε_1 と ε_2 はこの 2 式の解であるから，以下に示す連立 1 次方程式を解いて求めることができる．

$$\begin{bmatrix} \dfrac{\partial f_1}{\partial \varepsilon_1} & \dfrac{\partial f_1}{\partial \varepsilon_2} \\ \dfrac{\partial f_2}{\partial \varepsilon_1} & \dfrac{\partial f_2}{\partial \varepsilon_2} \end{bmatrix} \begin{bmatrix} \Delta\varepsilon_1 \\ \Delta\varepsilon_2 \end{bmatrix} = \begin{bmatrix} -f_1(\varepsilon_1', \varepsilon_2') \\ -f_2(\varepsilon_1', \varepsilon_2') \end{bmatrix} \tag{4.58}$$

ここで，$\Delta\varepsilon_1$ と $\Delta\varepsilon_2$ は正しい解に収束するための実部と虚部の増減分であり，この計算は f_1，f_2 が複雑であるためコンピュータにより数値計算する．このような計算過程を 4.4 節で示す測定用プログラムを用いて実際に計算してみる．ここで初期値としてどのような値を用いるかは，解の収束性に重要であるが，その値がほとんど予測できない場合，初期値を変えながらニュートン法を繰り返して行う．この場合，4.4.1 項で示すように実部の初期値 ε_1' を 10，虚部の初期値 ε_2' を 2 と選択すると $\dot{\varepsilon}_r$ の値は次のように変化していく様子がわかり，この場合ニュートン法の 3 回の繰り返しで $\dot{\varepsilon}_r$ に対して小数点以下 2 桁の収束性が確認できる．

表 4.6 $\dot{\varepsilon}_r$ の収束の様子

繰り返し回数	ε_1'	ε_2'	$\Delta\varepsilon_1$	$\Delta\varepsilon_2$
1	6.68790	1.66018	−3.31210	−0.33982
2	5.36950	0.95812	−1.31840	−0.70205
3	5.29633	0.78652	−0.07317	−0.17161
4	5.29814	0.78490	0.00182	−0.00162
5	5.29814	0.78490	0.00000	0.00000

4.3.3　透磁率の測定

設定周波数を 5.8GHz とし開放短絡法を用いて，磁性体試料の $\dot{\varepsilon}_r$ と $\dot{\mu}_r$ の測定例を説明する．測定には 4.3.2 項と同様に横寸方 a が 47.55mm の方形導波管 (WRJ-5) を用いる．ここで，用いたフランジの厚み d_0 は 15.033mm であり，試料の厚み d_2 の測定結果は表 4.7 に示す通りである．

表 4.7　厚み d_2 の測定

	厚み d_2[mm]
1	10.051
2	10.053
3	10.054
平均値	10.053

さて，開放短絡法を用いて複素比誘電率 ($\dot{\varepsilon}_r$) と複素比透磁率 ($\dot{\mu}_r$) の同時測定を行う場合には，試料を短絡させる場合と試料を開放させる場合について，測定条件の異なる 2 ケースにおいて測定をする必要がある．ここでは，試料背面を金属板で短絡した場合と試料と金属板の間に材料定数が既知の試料 (空気やテフロン等) を充填させた場合の 2 ケースについて測定を行う．測定では図 4.17 に示すように一例として材料定数が既知の試料として空気層を選び測定を行う．

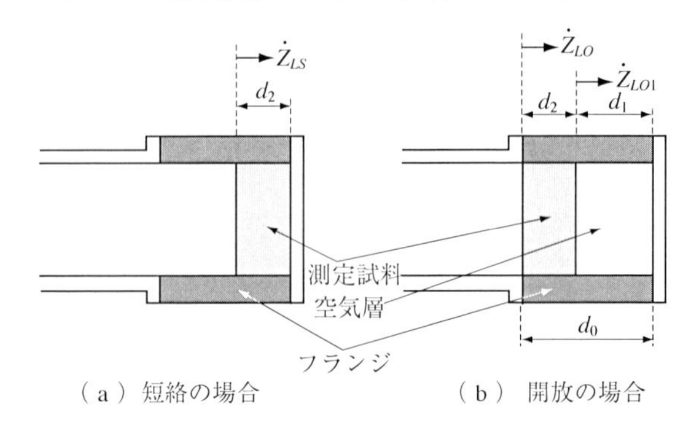

図 4.17　開放短絡法による測定

先の解析 (4.2.1 項) で示したように，既知の材料，測定試料の伝搬定数 $\dot{\gamma}$ および特性インピーダンス $\dot{Z}_w$ は以下のように表される．

○材料定数が既知の試料の場合

$$\dot{\gamma}_1 = j\frac{2\pi}{\lambda}\sqrt{\dot{\varepsilon}_{r1}\dot{\mu}_{r1} - (\lambda/2a)^2} \tag{4.59}$$

$$\dot{Z}_{w1} = \frac{Z_0\dot{\mu}_{r1}}{\sqrt{\dot{\varepsilon}_{r1}\dot{\mu}_{r1} - (\lambda/2a)^2}} \tag{4.60}$$

○試料の場合

$$\dot{\gamma}_2 = j\frac{2\pi}{\lambda}\sqrt{\dot{\varepsilon}_{r2}\dot{\mu}_{r2} - (\lambda/2a)^2} \tag{4.61}$$

$$\dot{Z}_{w2} = \frac{Z_0\dot{\mu}_{r2}}{\sqrt{\dot{\varepsilon}_{r2}\dot{\mu}_{r2} - (\lambda/2a)^2}} \tag{4.62}$$

これより図 4.17 (a) 短絡の場合において，試料前面から見込んだ負荷インピーダンス $\dot{Z}_{LS}$ は (4.63) 式で計算できる．

$$\dot{Z}_{LS} = \dot{Z}_{w2}\tanh(\dot{\gamma}_2 d_2) \tag{4.63}$$

同様に図 4.17 (b) 開放の場合において既知の材料から終端を見込んだインピーダンス $\dot{Z}_{LO1}$ は (4.64) 式で表されるため，試料前面から見込んだ負荷インピーダンス $\dot{Z}_{LO}$ は (4.65) 式で計算できる．

$$\dot{Z}_{LO1} = \dot{Z}_{w1}\tanh(\dot{\gamma}_1 d_1) \tag{4.64}$$

$$\dot{Z}_{LO} = \dot{Z}_{w2}\frac{\dot{Z}_{LO1} + \dot{Z}_{w2}\tanh(\dot{\gamma}_2 d_2)}{\dot{Z}_{w2} + \dot{Z}_{LO1}\tanh(\dot{\gamma}_2 d_2)} \tag{4.65}$$

また，試料前面から見込んだ負荷インピーダンスは電圧定在波比 ρ および l_{min} を測定することにより求められ，短絡の場合においては (4.66) 式，開放の場合においては (4.67) 式で求めることができる．

$$\dot{Z}_{LS} = \frac{Z_g\bigl(1 - \rho_s\tanh(\dot{\gamma}_g l_{mins})\bigr)}{\rho_s - \tanh(\dot{\gamma}_g l_{mins})} \tag{4.66}$$

$$\dot{Z}_{LO} = \frac{Z_g(1-\rho_o \tanh(\dot{\gamma}_g l_{mino}))}{\rho_o - \tanh(\dot{\gamma}_g l_{mino})} \tag{4.67}$$

そのため，測定の一例として表4.8に示すように，短絡の場合の ρ_s と l_{mins}，開放の場合の ρ_o と l_{mino} を測定すれば，(4.63) 式と (4.65) 式および (4.66) 式と (4.67) 式から $\dot{\varepsilon}_r$ と $\dot{\mu}_r$ の実部と虚部を4次元のニュートン法により導出できる．

表 4.8　l_{mins}，ρ_s および l_{mino}，ρ_o の測定結果の例

	l_{mins}[mm]	ρ_s	l_{mino}[mm]	ρ_o
1	14.422	135.0	5.542	145.0
2	14.422	137.0	5.542	145.0
3	14.422	136.0	5.542	145.0
平均値	14.422	136.0	5.542	145.0

ここで，$\dot{\varepsilon}_r$ の初期値を ε'_1 (実部) と ε'_2 (虚部)，$\dot{\mu}_r$ の初期値を μ'_1 (実部) と μ'_2 (虚部) とおき，この初期値を (4.63) 式と (4.65) 式に代入すると $\dot{Z}_{LS}$，$\dot{Z}_{LO}$ が計算できる．そして，$\dot{Z}_{LS}$，$\dot{Z}_{LO}$ の測定値は表4.8の測定値を (4.66) 式，(4.67) 式に代入して得られるため，(4.63) 式と (4.66) 式の差を $f_s(\varepsilon'_1, \varepsilon'_2, \mu'_1, \mu'_2)$ とおき，その実部を f_1，虚部を f_2 とし，同様に (4.65) 式と (4.67) 式の差を $f_o(\varepsilon'_1, \varepsilon'_2, \mu'_1, \mu'_2)$ とおき，その実部を f_3，虚部を f_4 とすれば，ε_1，ε_2 および μ_1，μ_2 はこの4式の解であるから，以下に示す連立1次方程式を解いて $\dot{\varepsilon}_r$ と $\dot{\mu}_r$ 求めることができる．

$$\begin{bmatrix} \frac{\partial f_1}{\partial \varepsilon_1} & \frac{\partial f_1}{\partial \varepsilon_2} & \frac{\partial f_1}{\partial \mu_1} & \frac{\partial f_1}{\partial \mu_2} \\ \frac{\partial f_2}{\partial \varepsilon_1} & \frac{\partial f_2}{\partial \varepsilon_2} & \frac{\partial f_2}{\partial \mu_1} & \frac{\partial f_2}{\partial \mu_2} \\ \frac{\partial f_3}{\partial \varepsilon_1} & \frac{\partial f_3}{\partial \varepsilon_2} & \frac{\partial f_3}{\partial \mu_1} & \frac{\partial f_3}{\partial \mu_2} \\ \frac{\partial f_4}{\partial \varepsilon_1} & \frac{\partial f_4}{\partial \varepsilon_2} & \frac{\partial f_4}{\partial \mu_1} & \frac{\partial f_4}{\partial \mu_2} \end{bmatrix} \begin{bmatrix} \Delta\varepsilon_1 \\ \Delta\varepsilon_2 \\ \Delta\mu_1 \\ \Delta\mu_2 \end{bmatrix} = \begin{bmatrix} -f_1(\varepsilon'_1, \varepsilon'_2, \mu'_1, \mu'_2) \\ -f_2(\varepsilon'_1, \varepsilon'_2, \mu'_1, \mu'_2) \\ -f_3(\varepsilon'_1, \varepsilon'_2, \mu'_1, \mu'_2) \\ -f_4(\varepsilon'_1, \varepsilon'_2, \mu'_1, \mu'_2) \end{bmatrix} \tag{4.68}$$

このような計算過程を 4.4.2 項で示すプログラムを用いて実際に計算してみる．この場合，未知数が 4 つであるため初期値の選択は容易ではない．そこでプログラムに初期値を変化させる Do ループを組み込み，初期値の範囲を変化させて計算を行うことが得策である．この場合，初期値 ε_1' を 1〜10，初期値 ε_2' を 0〜2，初期値 μ_1' を 1〜10，初期値 μ_2' を 0〜2 まで変化させて計算すると $\dot{\varepsilon}_r$ および $\dot{\mu}_r$ の値は $\dot{\varepsilon}_r = 2.06 - j0.01$ および $\dot{\mu}_r = 1.01 - j0.00$ と求まる．

4.4　測定用プログラム

FORTRANN77 で書かれた短絡法による複素比誘電率推定プログラムと，開放短絡法による複素比誘電率および複素比透磁率の同時推定プログラムを示す．

4.4.1　複素比誘電率推定プログラム

```
ccccccccccccccccccccccccccccccccccccccccccccccccccccccc
ccc    ニュートン法を用いた複素比誘電率推定プログラム
ccccccccccccccccccccccccccccccccccccccccccccccccccccccc

      implicit real*8 (a-h,o-z)
      real*8 e1,e2                  ! 複素比誘電率の導出結果
      real*8 e1d,e2d                ! 複素比誘電率の初期値
      real*8 d,rho,lmin
      complex*16 y00,yp0,y0p
      character*20 filnam
      integer m,n
      parameter (m=50)
      dimension a(m,m+1),x(m)
      data n/2/

c     d, ρ ,lmin の測定結果
      data d / 2.942d-3 /           ! 測定試料の厚み d[mm]
      data rho / 63.3d0 /           ! 電圧定在波比 (VSWR) ρ
      data lmin / 27.183d-3 /       ! 試料前面から電圧最小点
                                    ! までの距離 lmin[mm]
      write(6,100)
 100  format(' 出力ファイル名を入力して下さい          : ',$)
      read(*,*) filnam

      write(6,110)
 110  format(' ε 1 および ε 2 の初期値を入力して下さい  : ',$)
      read(*,*) e1d,e2d
```

```
      open(unit=11,file=filnam)

      write(6,120)
      write(11,120)
 120  format('No.   ε 1         ε 2         Δ ε 1       Δ ε 2')

      del1=1.0d-3                    ! ε 1 の微分区間
      del2=1.0d-4                    ! ε 2 の微分区間

      e1=e1d
      e2=e2d

      do 130 i=1,10

         call gety(e1,     e2,     rho,lmin,d,y00)
         call gety(e1+del1,e2,     rho,lmin,d,yp0)
         call gety(e1,     e2+del2,rho,lmin,d,y0p)

         a(1,1)=dreal(yp0-y00)/del1 ! ∂ f1/∂ ε 1
         a(2,1)=dimag(yp0-y00)/del1 ! ∂ f2/∂ ε 1
         a(1,2)=dreal(y0p-y00)/del2 ! ∂ f1/∂ ε 2
         a(2,2)=dimag(y0p-y00)/del2 ! ∂ f2/∂ ε 2
         a(1,3)=-dreal(y00)         ! -f1
         a(2,3)=-dimag(y00)         ! -f2

         call simeq(n,a,x,*99)

         e1=e1+x(1)
         e2=e2+x(2)

         write(6,140) i,e1,e2,x(1),x(2)
         write(11,140) i,e1,e2,x(1),x(2)
 140     format(i2,x,4(f9.5,x))

 130  continue
      close(unit=11)
      stop
 99   write(6,*) ' Sorry, Matrix is singular! '
      end

cccccccccccccccccccccccccccccccccccccccccccccccccccccccc
      subroutine gety(e1,e2,rho,lmin,d,y)
cccccccccccccccccccccccccccccccccccccccccccccccccccccccc

      implicit real*8 (a-h,o-z)
```

```
      real*8 pi,lam,a
      real*8 d,rho,lmin
      real*8 p,q
      real*8 e1,e2
      complex*16 ans,f,i,j,y

      data pi /3.1415926535d0/
      data lam/5.1688d-2/    !5.8GHz の波長 [cm]
      data a  /4.755d-2/     !方形導波管の長軸の長さ a[cm]

      j=(0.0d0,1.0d0)
      p=2.0d0*pi/lam
      q=(lam/(2.0d0*a))**2

      ans=(1.0d0-j*rho*dtan(p*dsqrt(1.0d0-q)*lmin))
     &   /(rho-j*dtan(p*dsqrt(1.0d0-q)*lmin))

      i=j*p*cdsqrt(e1-j*e2-q)*d

      f=cdsqrt((1-q)/(e1-j*e2-q))
     & *((cdexp(i)-cdexp(-i))/(cdexp(i)+cdexp(-i)))

      y=f-ans

      return
      end

cccccccccccccccccccccccccccccccccccccccccccccccccccccc
      subroutine simeq(n,a,x,*)
cccccccccccccccccccccccccccccccccccccccccccccccccccccc

      implicit real*8 (a-h,o-z)
      integer m,n
      parameter (m=50,eps=1.0d-22)
      dimension a(m,m+1),x(m)

      do 50 k=1,n-1
         max = k
         do 10 i=k+1,n
            if (abs(a(i,k)) .gt. abs(a(max,k))) max = i
 10      continue
         if (abs(a(max,k)).lt.eps) return 1
         if (max.ne.k) then
            do 20 j=k,n+1
               t = a(k,j)
               a(k,j) = a(max,j)
```

```
                a(max,j) = t
 20          continue
          end if
          do 40 i=k+1,n
             t = a(i,k) / a(k,k)
             do 30 j=k+1,n+1
                a(i,j) = a(i,j) - t*a(k,j)
 30          continue
 40       continue
 50    continue
       do 70 k=n,1,-1
          a(k,n+1) = a(k,n+1) / a(k,k)
          do 60 i=k-1,1,-1
             a(i,n+1) = a(i,n+1) - a(k,n+1)*a(i,k)
 60       continue
 70    continue
       do 80 i=1,n
          x(i) = a(i,n+1)
 80    continue
       end
```

4.4.2 複素比誘電率・複素比透磁率推定プログラム

```
cccccccccccccccccccccccccccccccccccccccccccccccccccccc
ccc         ニュートン法を用いた複素比誘電率・
ccc                             複素比透磁率推定プログラム
cccccccccccccccccccccccccccccccccccccccccccccccccccccc

       implicit real*8 (a-h,o-z)
       real*8 ep21,ep22,mu21,mu22      !ε r, μ r の導出結果
       real*8 ep11,ep12,mu11,mu12
       real*8 ep21d,ep22d,mu21d,mu22d !ε r, μ r の初期値
       real*8 d0,d1,d2
       real*8 rho_s,rho_o
       real*8 lmin_s,lmin_o
       complex*16 fs0,fs1,fs2,fs3,fs4,fo0,fo1,fo2,fo3,fo4
       real*8 ep21min,ep22min,mu21min,mu22min
       real*8 ep21max,ep22max,mu21max,mu22max
       real*8 ep21stp,ep22stp,mu21stp,mu22stp
       parameter (m=50)
       integer m,n
       dimension a(m,m+1),x(m)
       data n/4/
```

```
      ep11=1.0d0  !金属板・測定試料間の試料のε r の実部
      ep12=0.0d0  !金属板・測定試料間の試料のε r の虚部
      mu11=1.0d0  !金属板・測定試料間の試料のμ r の実部
      mu12=0.0d0  !金属板・測定試料間の試料のμ r の虚部

      d0=15.033d-3            ! フランジの厚み [mm]
      d2=10.053d-3            ! 測定試料の厚み d2[mm]
      d1 = d0 - d2            ! 金属板・測定試料間の
                              ! 試料厚み d1[mm]

      lmin_s=14.422d-3        ! 短絡法の試料前面から電圧
                              ! 最小点までの距離 lmins[mm]
      lmin_o=5.542d-3         ! 開放法の試料前面から電圧
                              ! 最小点までの距離 lmino[mm]
      rho_s=136.0d0           ! 短絡法のρ s(VSWR)
      rho_o=145.0d0           ! 開放法のρ o(VSWR)

      del1=1.0d-5             ! ε 21 の微分区間
      del2=1.0d-6             ! ε 22 の微分区間
      del3=1.0d-5             ! μ 21 の微分区間
      del4=1.0d-6             ! μ 22 の微分区間

c     初期値の範囲
      data ep21min,ep21max,ep21stp / 1.0 ,10.0 ,0.1 /
      data ep22min,ep22max,ep22stp / 0.0 , 2.0 ,0.1 /
      data mu21min,mu21max,mu21stp / 1.0 ,10.0 ,0.1 /
      data mu22min,mu22max,mu22stp / 0.0 , 2.0 ,0.1 /

      do 100 ep21d=ep21min,ep21max,ep21stp
         do 200 ep22d=ep22min,ep22max,ep22stp
            do 300 mu21d=mu21min,mu21max,mu21stp
               do 400 mu22d=mu22min,mu22max,mu22stp

                  ep21=ep21d
                  ep22=ep22d
                  mu21=mu21d
                  mu22=mu22d

                  i=0
 500              i=i+1

                  call short(ep21,ep22,mu21,mu22,
     &                 rho_s,lmin_s,d2,fs0)
```

```
               call short(ep21+del1,ep22,mu21,mu22,
     &              rho_s,lmin_s,d2,fs1)
               call short(ep21,ep22+del2,mu21,mu22,
     &              rho_s,lmin_s,d2,fs2)
               call short(ep21,ep22,mu21+del3,mu22,
     &              rho_s,lmin_s,d2,fs3)
               call short(ep21,ep22,mu21,mu22+del4,
     &              rho_s,lmin_s,d2,fs4)
               call open(ep21,ep22,mu21,mu22,
     &              ep11,ep12,mu11,mu12,rho_o,lmin_o,
     &              d1,d2,fo0)
               call open(ep21+del1,ep22,mu21,mu22,
     &              ep11,ep12,mu11,mu12,rho_o,lmin_o,
     &              d1,d2,fo1)
               call open(ep21,ep22+del2,mu21,mu22,
     &              ep11,ep12,mu11,mu12,rho_o,lmin_o,
     &              d1,d2,fo2)
               call open(ep21,ep22,mu21+del3,mu22,
     &              ep11,ep12,mu11,mu12,rho_o,lmin_o,
     &              d1,d2,fo3)
               call open(ep21,ep22,mu21,mu22+del4,
     &              ep11,ep12,mu11,mu12,rho_o,lmin_o,
     &              d1,d2,fo4)

               a(1,1)=dreal(fs1-fs0)/del1
               a(2,1)=dimag(fs1-fs0)/del1
               a(3,1)=dreal(fo1-fo0)/del1
               a(4,1)=dimag(fo1-fo0)/del1
               a(1,2)=dreal(fs2-fs0)/del2
               a(2,2)=dimag(fs2-fs0)/del2
               a(3,2)=dreal(fo2-fo0)/del2
               a(4,2)=dimag(fo2-fo0)/del2
               a(1,3)=dreal(fs3-fs0)/del3
               a(2,3)=dimag(fs3-fs0)/del3
               a(3,3)=dreal(fo3-fo0)/del3
               a(4,3)=dimag(fo3-fo0)/del3
               a(1,4)=dreal(fs4-fs0)/del4
               a(2,4)=dimag(fs4-fs0)/del4
               a(3,4)=dreal(fo4-fo0)/del4
               a(4,4)=dimag(fo4-fo0)/del4
               a(1,5)=-dreal(fs0)
               a(2,5)=-dimag(fs0)
               a(3,5)=-dreal(fo0)
```

```
              a(4,5)=-dimag(fo0)

             call simeq(n,a,x,*9000)

              ep21=ep21+x(1)
              ep22=ep22+x(2)
              mu21=mu21+x(3)
              mu22=mu22+x(4)

              if (max(abs(x(1)),abs(x(2)),abs(x(3)),
     &             abs(x(4))).lt.1.0d-5) then
                 write(6,600) ep21,ep22,mu21,mu22,
     &                x(1),x(2),x(3),x(4)
 600             format (4f7.4,4f7.4)
                 stop
              endif

              if (max(abs(x(1)),abs(x(2))
     &             ,abs(x(3)),abs(x(4))).gt.10) then
                 goto 400
              else
                 goto 500
              endif

 400        continue
 300      continue
 200    continue
 100  continue

      stop
 9000 write(6,*) ' Sorry, Matrix is singular! '
      end

cccccccccccccccccccccccccccccccccccccccccccccccccccccccc
      subroutine short(ep21,ep22,mu21,mu22,rho_s,
     &     lmin_s,d2,f_s)
cccccccccccccccccccccccccccccccccccccccccccccccccccccccc

      implicit real*8 (a-h,o-z)
      real*8 pi,lam,z0
      real*8 aaa,lmin_s,rho_s
      real*8 p,q
      real*8 d2
```

```
      real*8 ep21,ep22,mu21,mu22
      complex*16 j
      complex*16 z_s1,z_s2
      complex*16 r,s
      complex*16 z_g,z_w
      complex*16 gamma_g,gamma
      complex*16 f_s

      data z0 /376.7d0/
      data pi /3.1415927d0/
      data lam/5.1688d-2/
      data aaa/4.755d-2/

      j=(0.0d0,1.0d0)
      p=2.0d0* pi/lam
      q=(lam/(2.0d0*aaa))**2

c     導波管内の伝搬定数γ g, 特性インピーダンス Zg
      z_g=z0/dsqrt(1.0d0-q)
      gamma_g=j*p*dsqrt(1.0d0-q)

c     測定試料の伝搬定数γ, 特性インピーダンス Zw
      z_w=(z0*(mu21-j*mu22))
     &     /(cdsqrt((ep21-j*ep22)*(mu21-j*mu22)-q))
      gamma=j*p*cdsqrt((ep21-j*ep22)*(mu21-j*mu22)-q)

c     短絡法による測定結果
      r = gamma_g*lmin_s
      z_s1=z_g*(1-rho_s*((exp(r)-exp(-r))
     &     /(exp(r)+exp(-r))))/
     &     (rho_s-((exp(r)-exp(-r))/(exp(r)+exp(-r))))

c     短絡法による計算結果
      s=gamma*d2
      z_s2=z_w*((exp(s)-exp(-s))/(exp(s)+exp(-s)))

      f_s=z_s2-z_s1

      return
      end

cccccccccccccccccccccccccccccccccccccccccccccccccccc
      subroutine open(ep21,ep22,mu21,mu22,
```

```
     &      ep11,ep12,mu11,mu12,rho_o,lmin_o,d1,d2,f_o)
cccccccccccccccccccccccccccccccccccccccccccccccccccc

      implicit real*8 (a-h,m,o-z)
      real*8 pi,lam,z0
      real*8 aaa,lmin_o,rho_o
      real*8 p,q
      real*8 d1,d2
      real*8 ep21,ep22,mu21,mu22
      real*8 ep11,ep12,mu11,mu12
      complex*16 j
      complex*16 z_lo1,z_o1,z_o2
      complex*16 t,u,v
      complex*16 z_g,z_w1,z_w2
      complex*16 gamma_g,gamma1,gamma2
      complex*16 f_o

      data z0 /376.7d0/
      data pi /3.1415927d0/
      data lam/5.1688d-2/
      data aaa/4.755d-2/

      j=(0.0d0,1.0d0)
      p=2.0d0*pi/lam
      q=(lam/(2.0d0*aaa))**2

c     導波管内の伝搬定数γ g, 特性インピーダンス Zg
      z_g=z0/dsqrt(1.0-q)
      gamma_g=j*p*dsqrt(1.0d0-q)

c     金属板と測定試料の間の材料の
c     伝搬定数γ 1, 特性インピーダンス Zw1
      z_w1=(z0*(mu11-j*mu12))
     &     /(cdsqrt((ep11-j*ep12)*(mu11-j*mu12)-q))
      gamma1=j*p*cdsqrt((ep11-j*ep12)*(mu11-j*mu12)-q)

c     測定試料の伝搬定数γ 2, 特性インピーダンス Zw2
      z_w2=(z0*(mu21-j*mu22))
     &     /(cdsqrt((ep21 -j*ep22)*(mu21-j*mu22)-q))
      gamma2=j*p*cdsqrt((ep21-j*ep22)*(mu21-j*mu22)-q)

c     開放法による測定結果
      t=gamma_g*lmin_o
```

```
      z_o1=z_g*(1-rho_o*((cdexp(t)-cdexp(-t))/
     &     (cdexp(t)+cdexp(-t))))/
     &     (rho_o-((cdexp(t)-cdexp(-t))/
     &     (cdexp(t)+cdexp(-t))))

c     開放法による計算結果
      u=gamma1*d1
      z_lo1= z_w1*((cdexp(u)-cdexp(-u))
     &     /(cdexp(u)+cdexp(-u)))

      v=gamma2*d2
      z_o2=z_w2*(z_lo1+z_w2*
     &     ((cdexp(v)-cdexp(-v))/(cdexp(v)+cdexp(-v))))
     &     /(z_w2+z_lo1*
     &     ((cdexp(v)-cdexp(-v))/(cdexp(v)+cdexp(-v))))

      f_o=z_o2-z_o1

      return
      end

cccccccccccccccccccccccccccccccccccccccccccccccc
      subroutine simeq(n,a,x,*)
cccccccccccccccccccccccccccccccccccccccccccccccc

      implicit real*8 (a-h,o-z)
      integer m,n
      parameter (m=50,eps=1.0e-22)
      dimension a(m,m+1),x(m)

      do 50 k=1,n-1
         max = k
         do 10 i=k+1,n
            if (abs(a(i,k)) .gt. abs(a(max,k))) max = i
 10      continue
         if (abs(a(max,k)).lt.eps) return 1
         if (max.ne.k) then
            do 20 j=k,n+1
               t = a(k,j)
               a(k,j) = a(max,j)
               a(max,j) = t
 20         continue
         end if
```

```
         do 40 i=k+1,n
            t = a(i,k) / a(k,k)
            do 30 j=k+1,n+1
               a(i,j) = a(i,j) - t*a(k,j)
30          continue
40       continue
50    continue
      do 70 k=n,1,-1
         a(k,n+1) = a(k,n+1) / a(k,k)
         do 60 i=k-1,1,-1
            a(i,n+1) = a(i,n+1) - a(k,n+1)*a(i,k)
60       continue
70    continue
      do 80 i=1,n
         x(i) = a(i,n+1)
80    continue
      end
```

参考文献

[1] 大河内 正陽, 牧本 利夫: “マイクロ波測定”, オーム社 (2001).

[2] O.Hashimoto and Y.Simizu : “Measurement of complex permittivity tensor by standing wave method on rectangular waveguide”, IEEE Trans. MTT-34, 11, pp.1201-1207 (1986).

[3] 小笠原 直幸: “導波管による誘電率測定の実際”, 応用物理, Vol.22 (1952).

[4] 橋本 修, 池田 宏一: “FDTD 法による導波管定在波法を用いた誘電率測定に関する一考察”, 信学論, B-II, J79-B-II, pp.616-618 (1996).

[5] 橋本 修, 泰地 義和, 阿部 琢美: “フランジ付方形導波管を用いた複素誘電率の非破壊測定に関する基礎検討”, 計測研究会資料, IM-97-21, pp.47-51 (1997).

第5章

共振器法

本章では摂動原理を用いた共振器法について説明する．共振器の設計や摂動公式の導出などについて説明した後, 実際に低損失材料 (テフロン) や高損失材料 (電波吸収材料) の測定例，さらに試料の温度変化に対する応用測定について述べる．

5.1 測定の概要

共振器内に微小な誘電体や磁性体を挿入すると，共振周波数や Q 値 (Quality factor) がわずかに変化する．この共振周波数や Q 値の変化量を測定し，材料の複素誘電率および複素透磁率を測定する方法が共振器法である．

共振器法では， 図 5.1 に示すように微小な誘電体や磁性体の試料を挿入するので，共振器内の電磁界が試料挿入の前後で等しいと仮定して求める．この仮定を用いることを摂動法といい，方形や円筒形の共振器やその共振モードに対して次式が導かれる．そして，この式を用いて 図 5.2 に示すようにこれらの式内における試料の体積 (ΔV) および試料挿入前の (f_0,Q_0) さらに試料挿入後の (f_L,Q_L) を測定し，複素比誘電率および複素比透磁率を求める．

$$\varepsilon_r' = 1 - \frac{1}{\alpha_\varepsilon}\frac{f_L - f_0}{f_L}\frac{V}{\Delta V} \tag{5.1}$$

$$\varepsilon_r'' = \frac{1}{2\alpha_\varepsilon}\left(\frac{1}{Q_L} - \frac{1}{Q_0}\right)\frac{V}{\Delta V} \tag{5.2}$$

$$\mu_r' = 1 - \frac{1}{\alpha_\mu}\frac{f_L - f_0}{f_L}\frac{V}{\Delta V} \tag{5.3}$$

$$\mu_r'' = \frac{1}{2\alpha_\mu}\left(\frac{1}{Q_L} - \frac{1}{Q_0}\right)\frac{V}{\Delta V} \tag{5.4}$$

ここで，

f_0 ：非挿入時の共振周波数
f_L ：挿入時の共振周波数
Q_0 ：非挿入時の Q 値
Q_L ：挿入時の Q 値
$\alpha_\varepsilon, \alpha_\mu$ ：共振モード，試料形状で決まる定数
V ：共振器の体積
ΔV ：試料の体積

これらの式において，$\alpha_\varepsilon, \alpha_\mu$ はモードや試料形状で理論的に決定される定数であり，各種形状の試料に対する α_ε と α_μ が計算されている (5.2.2 項で導出). ここでは取り扱いが簡単で，高精度の測定が可能な棒状試料に対する α_ε と α_μ を 表 5.1 にまとめて示す．また，円筒空洞共振器の概観とその内部の電磁界に対して TM_{010}, TE_{011} の様子を 図 5.3 および図 5.4 に示すとともに，矩形空洞共振器内の TE_{101}, TE_{102} モードの様子および試料の挿入法，さらには共振器法のブロック図を 図 5.5 および実際の測定の様子を 図 5.7 に示す．さらに，図 5.6 は，測定試料の一例を示しているが，この方法においては，試料の寸法が大きくなると，先に述べた摂動法が成り立たなくなることから測定結果に大きな誤差を生じる．

表 5.1　棒状試料における係数 α_ε および α_μ

共振モード	α_ε	α_μ
方形 TE_{10n}	2	$(n\lambda/2L)^2$
円筒 TM_{010}	1.855	—
円筒 TE_{011}	—	$\dfrac{3.094}{1+(0.82a/L)^2}$

(注) L：共振器の長さ，a：円筒の半径

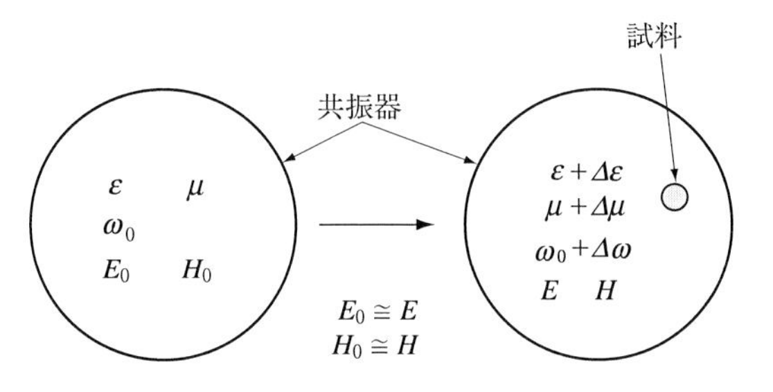

図 **5.1**　摂動法の考え方

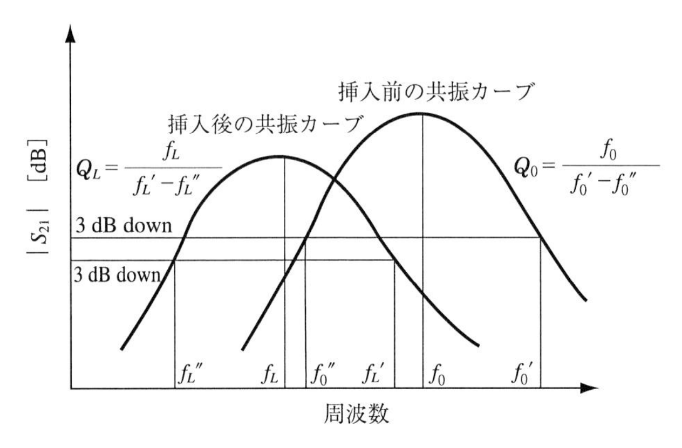

図 **5.2**　共振カーブの概略図

図 **5.3**　円筒空洞共振器の例 (1GHz 用, TM_{010} モード)
((株) 関東電子応用開発提供)

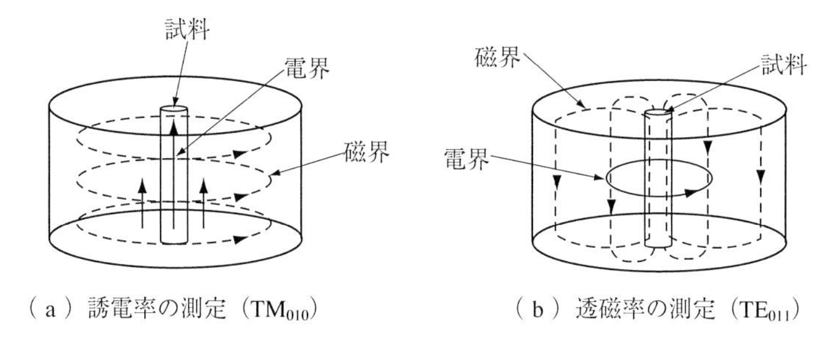

図 5.4　円筒空洞共振器におけるモード

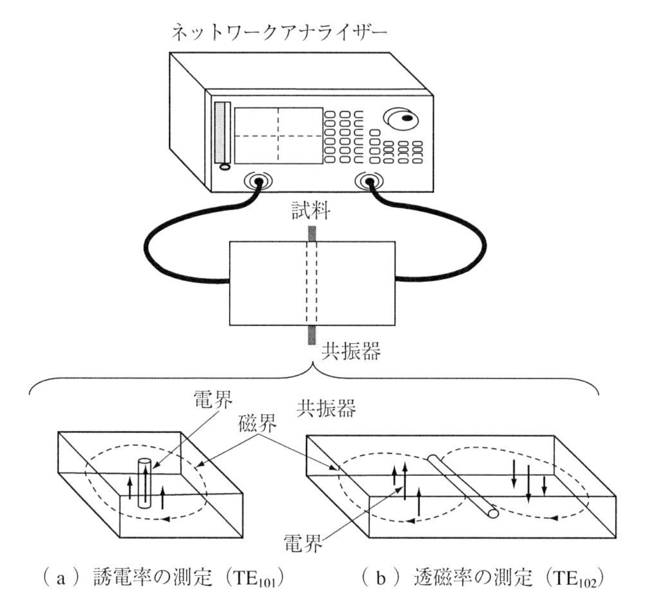

図 5.5　共振器法のブロック図

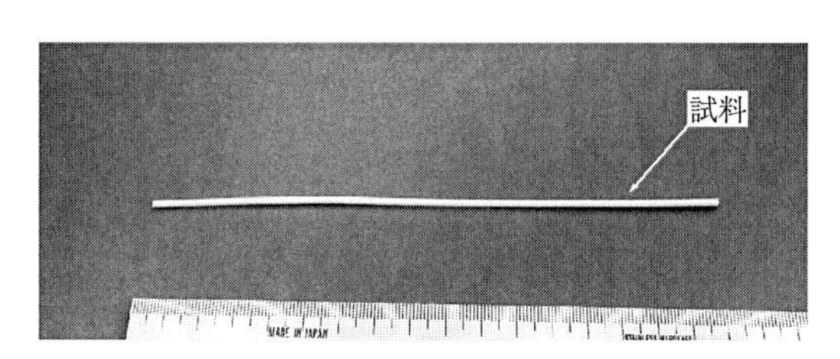

図 5.6　試料形状の例

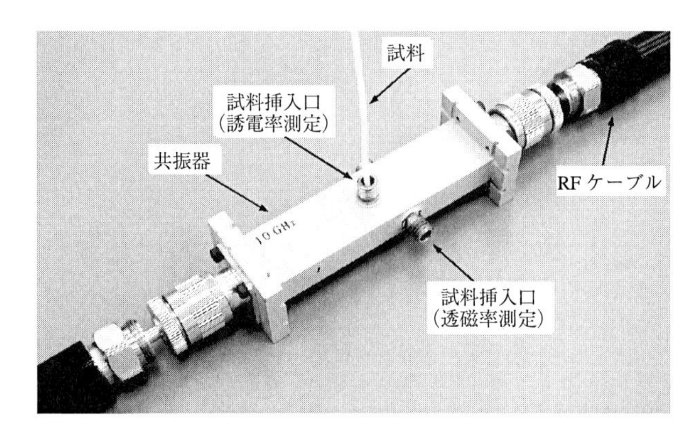

図 5.7　共振器と試料 (10GHz 用)

5.2　測定の詳細

共振器を用いた測定を理解したり，共振器を設計するためには共振周波数や Q 値の理論計算について理解する必要がある．本節では，一般的共振器として方形共振器に着目し，その解析を行ってみる．

5.2.1　空洞共振器

(a) 共振周波数

空洞共振器内においても，マクスウェルの方程式が成り立つので，内部の電磁界は

$$\left.\begin{aligned} \nabla^2 \boldsymbol{E} + k^2 \boldsymbol{E} &= 0 \\ \nabla^2 \boldsymbol{H} + k^2 \boldsymbol{H} &= 0 \end{aligned}\right\} \tag{5.5}$$

なる方程式を，境界条件 $\boldsymbol{E} \times \boldsymbol{n} = 0$ について解くことによって求まる．ここで $k^2 = \omega^2 \varepsilon \mu$, $\boldsymbol{n}$ は管壁と垂直方向の単位ベクトルを表す．一例として，図 5.8 のような直六面体の共振器について，内部の電磁界および共振周波数を求めてみる．

図 5.8 のような矩形空洞共振器は，断面が $a \times b$ の導波管の一部とみなせるの

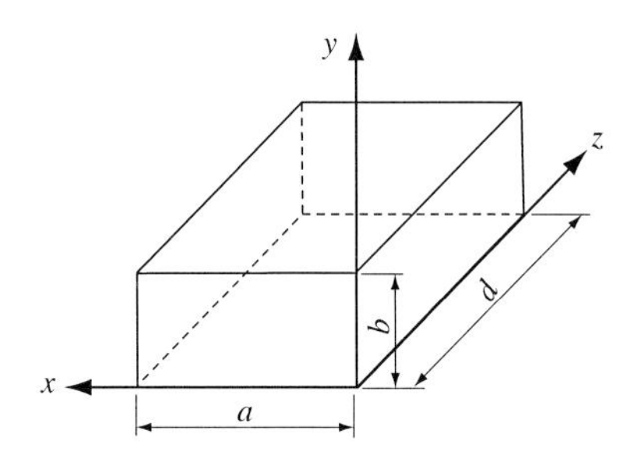

図 **5.8**　空洞共振器

で，例えば z 方向に進む TE_{10} モードの場合，(5.5) 式 の解は，反射壁 $z = d$ を基準として

$$E'_y = -\frac{\pi}{a} A \sin \frac{\pi}{a} x e^{-j\beta(z-d)} e^{j\omega t} \tag{5.6}$$

と書ける．完全反射として反射波は

$$E''_y = \frac{\pi}{a} A \sin \frac{\pi}{a} x e^{j\beta(z-d)} e^{j\omega t} \tag{5.7}$$

したがって，合成波は

$$\begin{aligned} E_y &= E'_y + E''_y \\ &= \frac{\pi}{a} A \sin \frac{\pi}{a} x e^{j\omega t} \left[e^{j\beta(z-d)} - e^{-j\beta(z-d)} \right] \\ &= 2j \frac{\pi}{a} A \sin \frac{\pi}{a} x e^{j\omega t} \sin \beta(z-d) \\ &= A_0 \sin \beta(z-d) \sin \frac{\pi}{a} x \end{aligned} \tag{5.8}$$

となる．ただし，ここで $A_0 = 2j(\pi/a)Ae^{j\omega t}$ である．

共振した場合，電磁波は共振器内を往復反射するので，境界条件より，$z = 0$, $z = d$ でそれぞれ $E_y = 0$ とならなければならない．そこで，$z = 0$ のとき，$E_y = 0$ から

$$\sin(-\beta d) = 0, \quad \beta d = s\pi \tag{5.9}$$

となる．ゆえに

$$\beta = \frac{s\pi}{d}, \quad s = 1, 2, 3, \cdots\cdots \tag{5.10}$$

となる．すなわち位相定数 β は共振器の長さ d で決まる．減衰が無視できる導波管では，伝搬定数は $\gamma = j\beta$ であることから，$k_n^2 = \omega^2\varepsilon\mu + \gamma^2$ と表すことができるので

$$k_n^2 = \omega^2\varepsilon\mu - \beta^2 \tag{5.11}$$

となる．したがって，

$$\beta^2 = \omega^2\varepsilon\mu - k_n^2 = \omega^2\varepsilon\mu - k_1^2 - k_2^2 \tag{5.12}$$

と表現できるので，真空中では光速を c として

$$\begin{aligned} \omega^2\varepsilon_0\mu_0 &= \left(\frac{2\pi f}{c}\right)^2 = k_1^2 + k_2^2 + \beta^2 \\ &= \left(\frac{n\pi}{a}\right)^2 + \left(\frac{m\pi}{b}\right)^2 + \left(\frac{s\pi}{d}\right)^2 \end{aligned} \tag{5.13}$$

となり，上式から

$$f = \frac{c}{2\pi}\left[\left(\frac{n\pi}{a}\right)^2 + \left(\frac{m\pi}{b}\right)^2 + \left(\frac{s\pi}{d}\right)^2\right]^{\frac{1}{2}} \tag{5.14}$$

という関係式を得る．すなわち TE_{nms} モードの共振周波数 f は共振器の寸法 a，b，d で決定できる．また，TM_{nms} モードについても，同様の解析手順で行うことができる．

(b) 電磁界成分

空洞共振器内の電磁界の各成分は，マクスウェルの方程式を解いて得られるが，前述の導波管内の解に進行方向成分を付け加えることにより，直ちに求まる．具体的な一例として，もっとも単純な TE_{101} モードについて考える．TE_{101} モードの E_y 成分は (5.8) 式 より

$$E_y = A_0 \sin\frac{\pi}{a}x \sin\frac{\pi}{d}z \tag{5.15}$$

と書ける．また，マクスウェルの方程式 $\nabla \times \boldsymbol{E} = -j\omega\mu_0\boldsymbol{H}$ から $E_z = 0$ を考慮して，

$$\begin{aligned}(\nabla \times \boldsymbol{E})_x &= \frac{\partial}{\partial y}E_z - \frac{\partial}{\partial z}E_y = -\frac{\partial}{\partial z}E_y \\ &= -A_0\frac{\pi}{d}\sin\frac{\pi}{a}x\cos\frac{\pi}{d}z = -j\omega\mu_0 H_x \end{aligned} \tag{5.16}$$

となり，ゆえに

$$H_x = -\frac{jA_0}{\omega\mu_0}\frac{\pi}{d}\sin\frac{\pi}{a}x\cos\frac{\pi}{d}z \tag{5.17}$$

を得る．同じく，$E_x = 0$ を考慮して，

$$\begin{aligned}(\nabla \times \boldsymbol{E})_z &= \frac{\partial}{\partial x}E_y - \frac{\partial}{\partial y}E_x = \frac{\partial}{\partial x}E_y \\ &= A_0\frac{\pi}{a}\cos\frac{\pi}{a}x\sin\frac{\pi}{d}z = -j\omega\mu_0 H_z \end{aligned} \tag{5.18}$$

から

$$H_z = \frac{jA_0}{\omega\mu_0}\frac{\pi}{a}\cos\frac{\pi}{a}x\sin\frac{\pi}{d}z \tag{5.19}$$

となる．上記以外の成分はすべて零である．

(c) 共振器内に蓄えられるエネルギー

共振器内に蓄えられる電気エネルギーの時間平均値は，電気エネルギー密度の時間平均値を共振器の体積について積分すればよい．一例として TE_{101} モードについて計算を行ってみると，共振器内の電界は (5.15) 式 で与えられるので，電気エネルギー W_e は

$$\begin{aligned}W_e &= \frac{\varepsilon_0}{4}\int_0^d\int_0^b\int_0^a E_y \cdot E_y^* dx\,dy\,dz \\ &= \frac{\varepsilon_0}{4}\int_0^d\int_0^b\int_0^a A_0A_0^*\sin^2\frac{\pi}{a}x\sin^2\frac{\pi}{d}z dx\,dy\,dz \end{aligned} \tag{5.20}$$

で表せる．ここで

$$\int_0^a \sin^2 \frac{\pi}{a} x dx = \left[\frac{x}{2}\right]_0^a = \frac{a}{2}, \quad \int_0^b dy = [y]_0^b = b \tag{5.21}$$

なので (5.20) 式 は

$$W_e = \frac{\varepsilon_0}{4} A_0 A_0^* \frac{a}{2} \cdot b \cdot \frac{d}{2} = \frac{\varepsilon_0}{16} abd A_0 A_0^* \tag{5.22}$$

となる．同じように共振器に蓄えられる磁気エネルギーの時間平均値 W_m は (5.17),(5.19) 式 を用いて

$$W_m = \frac{\mu_0}{4} \int_0^d \int_0^b \int_0^a (H_x \cdot H_x^* + H_z \cdot H_z^*) dx\, dy\, dz$$

$$= \frac{\mu_0}{4} \int_0^d \int_0^b \int_0^a \frac{A_0 A_0^*}{\omega^2 \mu_0^2} \tag{5.23}$$

$$\left[\frac{\pi^2}{d^2} \sin^2 \frac{\pi}{a} x \cos^2 \frac{\pi}{d} z + \frac{\pi^2}{a^2} \cos^2 \frac{\pi}{a} x \sin^2 \frac{\pi}{d} z\right] dx\, dy\, dz$$

$$= \frac{\mu_0}{4} \frac{A_0 A_0^*}{\omega^2 \mu_0^2} \left[\frac{abd}{4} \frac{\pi^2}{d^2} + \frac{abd}{4} \frac{\pi^2}{a^2}\right]$$

$$= \frac{A_0 A_0^*}{16} \frac{abd}{\omega^2 \mu_0} \left(\frac{\pi^2}{a^2} + \frac{\pi^2}{d^2}\right) \tag{5.24}$$

となる．共振周波数では (5.13) 式 より

$$\omega^2 \varepsilon_0 \mu_0 = \left(\frac{\pi}{a}\right)^2 + \left(\frac{\pi}{d}\right)^2 \tag{5.25}$$

なる関係があるので，(5.22) 式 と (5.24) 式 は等しく，共振を起こしたとき，共振器内では

$$W_e = W_m \tag{5.26}$$

となる．

(d) Q 値

共振器の特性は普通 Q 値でもって表される．共振特性で共振周波数を f_0，共振の半値幅を Δf とすると

$$Q = \frac{f_0}{\Delta f} \tag{5.27}$$

と定義される．共振特性の広がりはエネルギー損失によるものなので，Q 値は

$$\begin{aligned} Q &= 2\pi f_0 \frac{\text{蓄えられるエネルギーの時間平均値}}{\text{単位時間当たりに失うエネルギー}} \\ &= 2\pi f_0 \frac{W}{P} \end{aligned} \tag{5.28}$$

と定義される．ここで，W は共振器に蓄えられるエネルギーの時間平均値，P は単位時間当たりに失うエネルギーで，主に共振器壁に流れる電流によるものなので，

$$P = \frac{1}{2} R_s \int\int |H_t|^2 dS \tag{5.29}$$

と表せる．ここで $R_s = (\omega\mu_0/2\sigma)^{\frac{1}{2}}$ は金属表面抵抗，また，H_t は共振器壁表面における磁界の接線成分，S は共振器壁面積を意味する．具体的な一例として TE_{101} モードの共振について，Q 値を求めてみる．TE_{101} モードの各成分は (5.15)〜(5.19) 式 であるので，共振器壁への損失は，各座標について考えると，
(1) $z = 0, d$ のとき

$$|H_t| = |H_x| = \frac{\pi A_0}{\omega\mu_0 d} \sin\frac{\pi}{a} x \tag{5.30}$$

なので，xy 面への損失を P_1 として，(5.29) 式 より

$$\begin{aligned} P_1 &= \frac{1}{2} R_s \left(\frac{\pi A_0}{\omega\mu_0 d}\right)^2 \cdot 2 \int_0^b \int_0^a \sin^2 \frac{\pi}{a} x dx\, dy \\ &= R_s \left(\frac{\pi A_0}{\omega\mu_0 d}\right)^2 \cdot \frac{a}{2} \cdot b = \frac{ab}{2} R_s \left(\frac{\pi A_0}{\omega\mu_0 d}\right)^2 \end{aligned} \tag{5.31}$$

となる．

(2) $y = 0, b$ のとき

$$\begin{aligned} |H_t|^2 &= |H_x|^2 + |H_z|^2 \\ &= \left(\frac{\pi A_0}{\omega\mu_0}\right)^2 \left(\frac{1}{a^2} \cos^2 \frac{\pi}{a} x \sin^2 \frac{\pi}{d} z + \frac{1}{d^2} \sin^2 \frac{\pi}{a} x \cos^2 \frac{\pi}{d} z\right) \end{aligned} \tag{5.32}$$

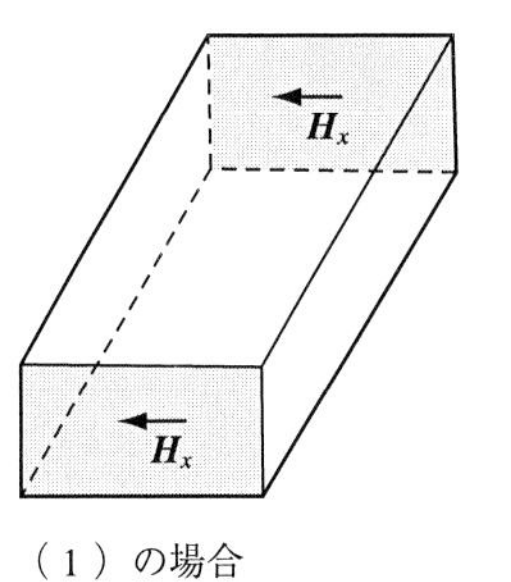

（1）の場合

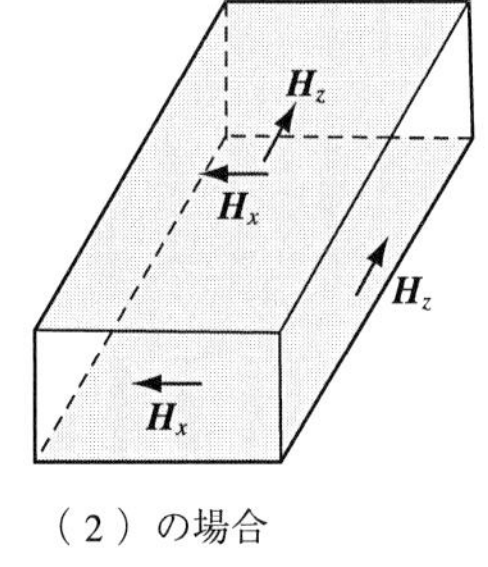

（2）の場合

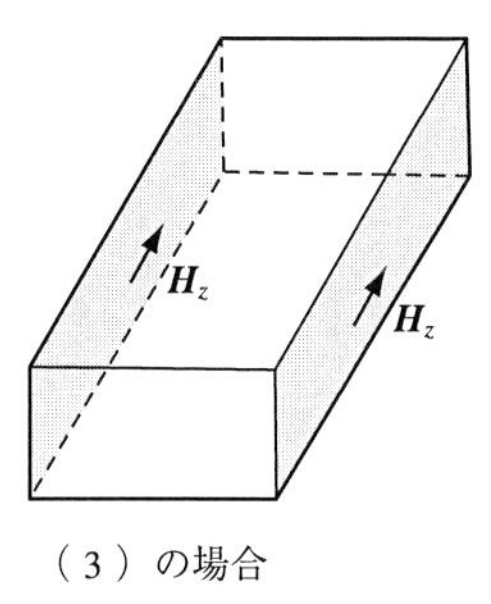

（3）の場合

図 **5.9**　面積分のしかた

なので，xz 面への損失 P_2 は

$$P_2 = \frac{1}{2}R_s\left(\frac{\pi A_0}{\omega\mu_0}\right)^2$$

$$\cdot 2\int_0^d\int_0^a\left(\frac{1}{a^2}\cos^2\frac{\pi}{a}x\sin^2\frac{\pi}{d}z + \frac{1}{d^2}\sin^2\frac{\pi}{a}x\cos^2\frac{\pi}{d}z\right)dx\,dz$$

$$= \frac{1}{2}R_s\cdot 2\left(\frac{\pi A_0}{\omega\mu_0}\right)^2\left(\frac{1}{a^2}\frac{ad}{4} + \frac{1}{d^2}\frac{ad}{4}\right)$$

$$= \frac{1}{4}R_s\left(\frac{\pi A_0}{\omega\mu_0}\right)^2\left(\frac{d}{a} + \frac{a}{d}\right) \tag{5.33}$$

となる．

(3) $x = 0, a$ のとき

$$|H_t| = |H_z| = \frac{\pi A_0}{\omega\mu_0 a}\sin\frac{\pi}{d}z \tag{5.34}$$

なので，yz 面への損失 P_3 は

$$P_3 = \frac{1}{2}R_s\left(\frac{\pi A_0}{\omega\mu_0 a}\right)^2\cdot 2\int_0^d\int_0^b\sin^2\frac{\pi}{d}z dy\,dz$$

$$= \frac{bd}{2}R_s\left(\frac{\pi A_0}{\omega\mu_0 a}\right)^2 \tag{5.35}$$

となる．したがって，共振器壁への全部の損失 P は

$$P = P_1 + P_2 + P_3$$

$$= \frac{ab}{2}R_s\left(\frac{\pi A_0}{\omega\mu_0 d}\right)^2 + \frac{1}{4}R_s\left(\frac{\pi A_0}{\omega\mu_0}\right)^2\left(\frac{d}{a}+\frac{a}{d}\right) + \frac{bd}{2}R_s\left(\frac{\pi A_0}{\omega\mu_0 a}\right)^2$$

$$= R_s\left(\frac{\pi A_0}{2\omega\mu_0 ad}\right)^2(2a^3b + ad^3 + a^3d + 2bd^3) \tag{5.36}$$

となる．

共振器に蓄えられる全エネルギーは，(5.22) と (5.26) 式 より

$$W = W_e + W_m = 2W_e = \frac{abd\varepsilon_0}{8}|A_0^2| \tag{5.37}$$

したがって共振器の Q 値は (5.28) 式 の定義より

$$Q = \frac{(Bad)^3bZ_0}{2\pi^2R_s(2a^3b + ad^3 + a^3d + 2bd^3)} \tag{5.38}$$

である．ただし，ここでは，

$$B = \sqrt{\left(\frac{\pi}{a}\right)^2 + \left(\frac{\pi}{d}\right)^2} \tag{5.39}$$

$$Z_0 = \sqrt{\frac{\mu_0}{\varepsilon_0}} \tag{5.40}$$

としている．

また，TE_{10n} モードの Q 値を同様の手順で計算すると次のようになる．

$$Q = \frac{(Bad)^3\,bZ_0}{2\pi^2R_s\,(2n^2a^3b + n^2a^3d + ad^3 + 2bd^3)} \tag{5.41}$$

ただし，

$$B = \sqrt{\left(\frac{\pi}{a}\right)^2 + \left(\frac{n\pi}{d}\right)^2} \tag{5.42}$$

5.2.2 測定の原理

(a) 摂動公式の導出

以上の解析により共振器に対する基礎的理解ができたが，この共振器を用いて，具体的に材料定数を測定するための方法について説明する．ここでは，もっとも一般的な摂動法についてその詳細を述べる．すなわち， 図 5.1 に示すよう

に試料を挿入した前後における電磁界を $(\boldsymbol{E}_0,\boldsymbol{H}_0)$ および $(\boldsymbol{E},\boldsymbol{H})$ とすると，摂動の前後において，電磁界は次のマクスウェルの方程式を満足する．

- 摂動前

$$-\nabla \times \boldsymbol{E}_0 = j\omega_0\mu\boldsymbol{H}_0 \tag{5.43}$$

$$\nabla \times \boldsymbol{H}_0 = j\omega_0\varepsilon\boldsymbol{E}_0 \tag{5.44}$$

- 摂動後

$$-\nabla \times \boldsymbol{E} = j\omega(\mu+\Delta\mu)\boldsymbol{H} \tag{5.45}$$

$$\nabla \times \boldsymbol{H} = j\omega(\varepsilon+\Delta\varepsilon)\boldsymbol{E} \tag{5.46}$$

そこで，これらの方程式を用いて，次のように $\boldsymbol{E}_0^*\cdot(5.46)$ および $\boldsymbol{H}\cdot(5.43)^*$ を計算する．

$$\boldsymbol{E}_0^*\cdot(5.46) = \boldsymbol{E}_0^*\cdot(\nabla\times\boldsymbol{H}) = \boldsymbol{E}_0^*\cdot j\omega(\varepsilon+\Delta\varepsilon)\boldsymbol{E} \tag{5.47}$$

$$\boldsymbol{H}\cdot(5.43)^* = \boldsymbol{H}\cdot(-\nabla\times\boldsymbol{E}_0^*) = \boldsymbol{H}\cdot j^*\omega_0\mu\boldsymbol{H}_0^* = -\boldsymbol{H}\cdot j\omega_0\mu\boldsymbol{H}_0^* \tag{5.48}$$

そして，$\boldsymbol{E}_0^*\cdot(5.46)+\boldsymbol{H}\cdot(5.43)^*$ の計算を行うと次式が導かれる．

$$\nabla\cdot(\boldsymbol{H}\times\boldsymbol{E}_0^*) = j\omega(\varepsilon+\Delta\varepsilon)\boldsymbol{E}\cdot\boldsymbol{E}_0^* - j\omega_0\mu\boldsymbol{H}_0^*\cdot\boldsymbol{H} \tag{5.49}$$

同様に，$\boldsymbol{E}\cdot(5.44)^*+\boldsymbol{H}_0^*\cdot(5.45)$ を計算することにより次式が求められる．

$$\nabla\cdot(\boldsymbol{H}_0^*\times\boldsymbol{E}) = j\omega(\mu+\Delta\mu)\boldsymbol{H}\cdot\boldsymbol{H}_0^* - j\omega_0\varepsilon\boldsymbol{E}_0^*\cdot\boldsymbol{E} \tag{5.50}$$

そこで，(5.49) 式 + (5.50) 式 について体積積分を行うと，(左辺) および (右辺) は次のようになる．

$$\begin{aligned}(\text{左辺}) &= \int_V \{\nabla\cdot(\boldsymbol{H}\times\boldsymbol{E}_0^*)+\nabla\cdot(\boldsymbol{H}_0^*\times\boldsymbol{E})\}dV \\ &= \int_S (\boldsymbol{H}\times\boldsymbol{E}_0^*+\boldsymbol{H}_0^*\times\boldsymbol{E})\cdot\boldsymbol{n}dS\end{aligned} \tag{5.51}$$

$$\begin{aligned}(\text{右辺}) &= \int_V \{j\omega(\varepsilon+\Delta\varepsilon)\boldsymbol{E}\cdot\boldsymbol{E}_0^* - j\omega_0\mu\boldsymbol{H}_0^*\cdot\boldsymbol{H} \\ &\quad +j\omega(\mu+\Delta\mu)\boldsymbol{H}\cdot\boldsymbol{H}_0^* - j\omega_0\varepsilon\boldsymbol{E}_0^*\cdot\boldsymbol{E}\}dV \\ &= j\omega\left[\int_{\Delta V}\Delta\varepsilon\boldsymbol{E}\cdot\boldsymbol{E}_0^*dV + \int_{\Delta V}\Delta\mu\boldsymbol{H}\cdot\boldsymbol{H}_0^*dV\right]\end{aligned}$$

$$+j\left(\omega-\omega_0\right)\left[\int_V \varepsilon \boldsymbol{E}\cdot\boldsymbol{E}_0^* dV+\int_V \mu \boldsymbol{H}\cdot\boldsymbol{H}_0^* dV\right] \tag{5.52}$$

さらに，$\boldsymbol{H}\times\boldsymbol{E}_0^*$ および $\boldsymbol{H}_0^*\times\boldsymbol{E}$ とも面 S に垂直に分布していることから，$(\boldsymbol{H}\times\boldsymbol{E}_0^*)\cdot\boldsymbol{n}=0$ および $(\boldsymbol{H}_0^*\times\boldsymbol{E})\cdot\boldsymbol{n}=0$ となるので，(左辺) の (5.51) 式は零になる．以上のことから (右辺) の (5.52) 式 を整理すると次式が得られる．

$$\frac{\omega-\omega_0}{\omega}=-\frac{\int_{\Delta V}\left(\Delta\varepsilon\boldsymbol{E}\cdot\boldsymbol{E}_0^*+\Delta\mu\boldsymbol{H}\cdot\boldsymbol{H}_0^*\right)dV}{\int_V\left(\varepsilon\boldsymbol{E}\cdot\boldsymbol{E}_0^*+\mu\boldsymbol{H}\cdot\boldsymbol{H}_0^*\right)dV} \tag{5.53}$$

そこで，この式に摂動公式 $\boldsymbol{E}\cong\boldsymbol{E}_0$, $\boldsymbol{H}\cong\boldsymbol{H}_0$ を用いると，最終的に次式を得ることができる．

$$\frac{\omega-\omega_0}{\omega}\cong-\frac{\int_{\Delta V}\left(\Delta\varepsilon|\boldsymbol{E}_0|^2+\Delta\mu|\boldsymbol{H}_0|^2\right)dV}{\int_V\left(\varepsilon|\boldsymbol{E}_0|^2+\mu|\boldsymbol{H}_0|^2\right)dV} \tag{5.54}$$

この式において，例えば $\mu_r=1$ の場合を考えると，$\Delta\varepsilon/\varepsilon=\varepsilon_r-1$ の関係から，さらに式が簡単になる．

$$\frac{\omega-\omega_0}{\omega}=-\frac{\int_{\Delta V}\Delta\varepsilon|\boldsymbol{E}_0|^2dV}{2\int_V\varepsilon|\boldsymbol{E}_0|^2dV}=-\frac{\varepsilon_r-1}{2}\frac{\int_{\Delta V}|\boldsymbol{E}_0|^2dV}{\int_V|\boldsymbol{E}_0|^2dV} \tag{5.55}$$

この式において，分子は挿入試料によるエネルギーの増加分，分母は共振器内の全エネルギーを表している．そして，$\boldsymbol{E}_0$ は試料を挿入する前の理論的に計算可能な電界であることから，(ω,ω_0) および $(\Delta V, V)$ を測定することにより ε_r が測定できることを意味している．また，この測定においては，近似からわかるように，挿入試料の ε_r や μ_r が小さいほど，また試料寸法が小さいほど電磁界の変化が小さいことから精度の良い測定が可能なことは容易に推測できる．

(b) 摂動係数の導出例

(i) $\mathbf{TE}_{101}$ モードの場合の α_ε

導出した摂動公式において方形共振器の TE_{101} モードに対して，α_ε を具体的に導出してみる．この解析モデルにおいて，挿入する試料は棒状試料であり，電界が最大で，磁界が零の位置として，$x=0, y=0$ の点に挿入する．この場合，TE_{101} モードに対する電界 E_0 は最大振幅を e_0 として次式で表すことができる．

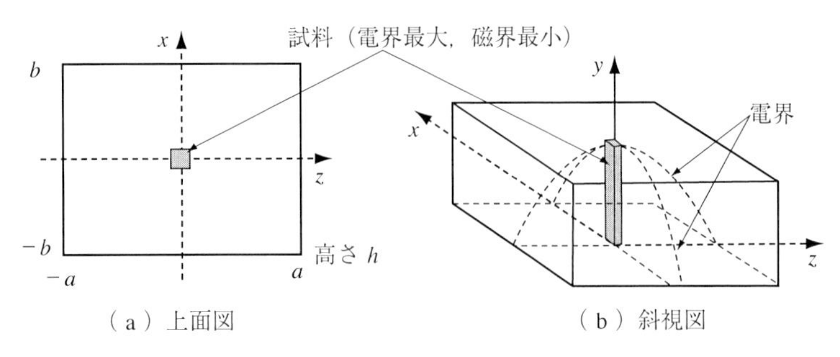

図 **5.10**　共振器と試料 (TE_{101})

$$E_0 = e_0 \cos\frac{\pi z}{2a}\cos\frac{\pi x}{2b} \tag{5.56}$$

そこで，先に導出した摂動公式 (5.55) 式 に代入するために以下を計算すると

$$\begin{aligned}\int_V |E_0|^2 dV &= he_0^2 \int_{-b}^{b}\int_{-a}^{a} \cos^2\frac{\pi z}{2a}\cos^2\frac{\pi x}{2b}\,dz\,dx \\ &= he_0^2 ab = \frac{V}{4}e_0^2\end{aligned} \tag{5.57}$$

となる．また，試料の挿入位置においては，電界が e_0 で一様と考えると

$$\int_{\Delta V} |E_0|^2 dV = \Delta V e_0^2 \tag{5.58}$$

となる．ゆえに，(5.55) 式 の摂動公式には (5.57) と (5.58) 式 を代入すると次式となる．

$$\frac{\omega-\omega_0}{\omega} = -\left(\frac{\varepsilon_r - 1}{2}\right)\frac{\int_{\Delta V}|E_0|^2 dV}{\int_V |E_0|^2 dV} = -\left(\frac{\varepsilon_r-1}{2}\right)4\frac{\Delta V}{V} \tag{5.59}$$

これより，次式に示すように (5.1) 式 における α_ε は 2 と求めることができる．

$$\varepsilon_r = 1 - \frac{1}{2}\left(\frac{V}{\Delta V}\right)\frac{\omega-\omega_0}{\omega} \tag{5.60}$$

このようにして，この式を用いれば，ω と ω_0 および V と ΔV を測定することにより ε_r を測定できることになる．

(ii) $\mathbf{TE}_{10n}$ モードの場合の α_μ

TE_{10n} モードに対する α_μ の導出として，TE_{102} モードを 1 例に考えてみる．すなわち，TE_{102} モードにおいて，磁界が最大で電界が零の位置に棒状試料を挿入した場合について考える．この場合の摂動公式は以下のようになる．

$$\frac{\omega-\omega_0}{\omega}=-\frac{\mu_r-1}{2}\frac{\mu_0\int_{\Delta V}|H_0|^2dV}{\varepsilon_0\int_V|E_0|^2dV} \tag{5.61}$$

ただし，H_0 と E_0 は次の関係を満足している．

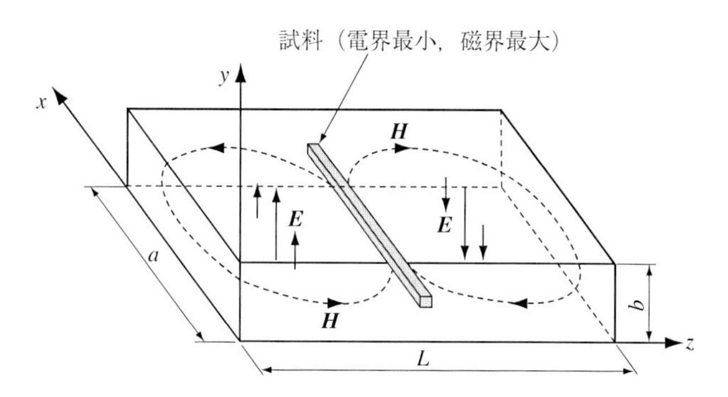

図 **5.11** 共振器と試料 (TE_{102})

$$|H_0|^2=\frac{\varepsilon_0}{\mu_0}|E_0|^2 \tag{5.62}$$

さて，この TE_{10n} モードの電界は，その最大値を e_0 として次のように表されるので，

$$(E_0)_y=e_0\sin\frac{\pi x}{a}\sin\frac{n\pi z}{L} \tag{5.63}$$

摂動公式の分母は次のようになる．

$$\int_V|E_0|^2dV=e_0^2\frac{V}{4} \tag{5.64}$$

次に，$\nabla\times E=-j\omega\mu_0H$ より，磁界は仮定された電界を用いて計算できるので，

$$H_x=\frac{j}{\omega\mu_0}(\nabla\times E)_x=-\frac{j}{\omega\mu_0}\frac{\partial}{\partial z}E_y$$

となり，次のように磁界を表すことができる．

$$H_x = -\frac{j}{\omega\mu_0}\frac{n\pi}{L}e_0 \sin\frac{\pi x}{a}\cos\frac{n\pi z}{L}$$

ここで試料の挿入位置，すなわち ΔV の領域において磁界は最大となっていることから，$\int_{\Delta V}\cos^2\frac{n\pi z}{L}dz = 1$ となり，これより

$$\int_{\Delta V}|H_0|^2 dV = \left(\frac{1}{\omega\mu_0}\frac{n\pi}{L}e_0\right)^2\int_{\Delta V}\sin^2\frac{\pi x}{a}dx \qquad (5.65)$$
$$= \left(\frac{1}{\omega\mu_0}\frac{n\pi}{L}e_0\right)^2\frac{\Delta V}{V}$$

となる．そして，これらを (5.61) 式 に代入して計算すると次のようになる．

$$\frac{\mu_0\int_{\Delta V}|H_0|^2 dV}{\varepsilon_0\int_V |E_0|^2 dV} = \frac{\mu_0\left(\frac{1}{\omega\mu_0}\frac{n\pi}{L}\right)^2(\Delta V/2)}{\varepsilon_0(1/4)V} = \frac{2}{\omega^2\varepsilon_0\mu_0}\left(\frac{n\pi}{L}\right)^2\frac{\Delta V}{V}$$
$$= 2\frac{\lambda^2}{(2\pi)^2}\left(\frac{n\pi}{L}\right)\frac{\Delta V}{V} = 2\left(\frac{n\lambda}{2L}\right)^2\frac{\Delta V}{V}$$

このことから最終的に

$$\frac{\omega-\omega_0}{\omega} = -\left(\frac{\mu_r - 1}{2}\right)2\left(\frac{n\lambda}{2L}\right)^2\frac{\Delta V}{V}$$

となり，α_μ は $(n\lambda/2L)^2$ と決定できる．

さらに摂動公式の形に表現すると先の (5.3) 式 に相当する式を導出できる．

$$\mu_r = 1 - \left(\frac{2L}{n\lambda}\right)^2\frac{V}{\Delta V}\frac{\omega-\omega_0}{\omega}$$

5.3　測定の実際

摂動法に基づいて実際に材料定数を測定してみる．方形導波管の共振周波数 (測定周波数) の設定や用いる電磁界モードは任意であるが，ここでは共振周波数を 2GHz とし，TE_{103} モードを用いた方形空洞共振器 (図 5.12) による誘電率の測定例を示すことにする．

5.3.1 共振器の設計と測定準備

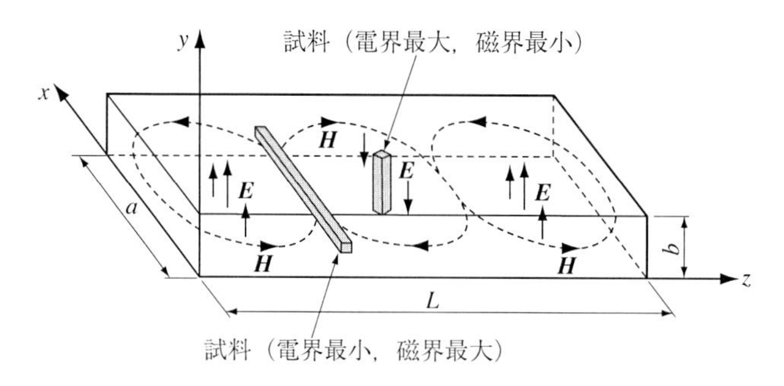

図 **5.12** 方形空洞共振器 (TE_{103} モード)

共振器の寸法を，先の 5.2 節で示した (5.14) 式を用いて計算する．すなわち導波管 (WRJ-2) を用いると内径寸法が a =109.22mm，b =54.61mm として決定するので，L は共振周波数 2GHz を考慮して以下のようになる．

$$L = \frac{s\pi}{\sqrt{(2\pi f/c)^2 - (m\pi/a)^2}}$$

$$= \frac{3\pi}{\sqrt{\left(\dfrac{2\pi \cdot 2.000 \times 10^9}{2.998 \times 10^8}\right)^2 - \left(\dfrac{\pi}{109.22 \times 10^{-3}}\right)^2}}$$

$$= 309.12 \quad [\mathrm{mm}]$$

そして，その場合の Q 値は，共振器の製作を銅で行うとし，理想的に考えると $\sigma = 5.92 \times 10^7 \mathrm{S/m}$ であることから，(5.41) 式より

$$Q = \frac{(BaL)^3 \, bZ_0}{2\pi^2 R_s \left(18a^3 b + 9a^3 L + aL^3 + 2bL^3\right)} \tag{5.66}$$

を用いる．ここで B は (5.42) 式より

$$B = \sqrt{\left(\frac{\pi}{a}\right)^2 + \left(\frac{3\pi}{L}\right)^2} = \sqrt{\left(\frac{\pi}{109.22 \times 10^{-3}}\right)^2 + \left(\frac{3\pi}{309.12 \times 10^{-3}}\right)^2}$$

$$= 41.92$$

であり，R_s は

$$R_s = \sqrt{\frac{\omega\mu_0}{2\sigma}} = \sqrt{\frac{\pi f_0 \mu_0}{\sigma}} = \sqrt{\frac{\pi \cdot 2.000 \times 10^9 \cdot 1.257 \times 10^{-6}}{5.92 \times 10^7}}$$
$$= 1.16 \times 10^{-2}$$

と求められる．これより，これらを (5.66) 式に代入することにより，

$$Q = 22515$$

と，おおよその目安が計算できる．

さて，複素比誘電率測定においては，電界最大，磁界最小 (零) の位置に試料を挿入する必要がある．この場合，TE_{103} モードであるから共振器の中央ということになる．このとき，導出したように摂動公式の係数は α_ε が 2 であり，共振器内の空洞の容積 V は，実際に製作した共振器の L が 313.6mm であることから

$$V = a \cdot b \cdot L = 109.22 \times 54.61 \times 313.6 \quad [\mathrm{mm}^3]$$

で与えられる．

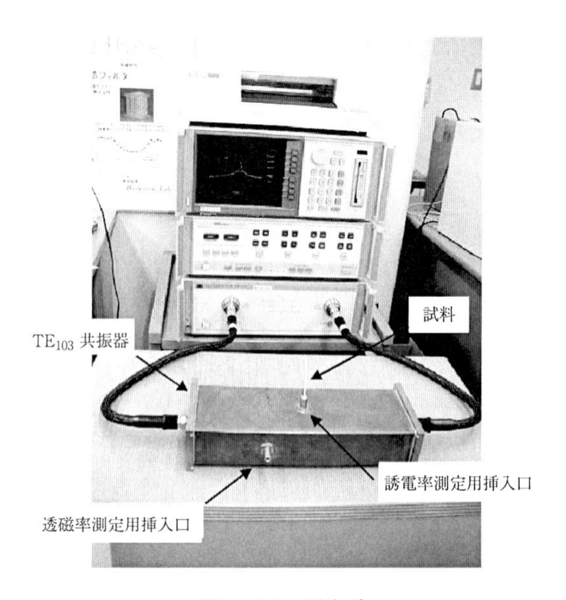

図 **5.13**　測定系

そして，この共振器を 図 5.13 に示すようにネットワークアナライザーに接続し，試料挿入，非挿入時における透過特性 (S_{21}) を測定する．ネットワークアナライザーがない場合には，共振器の出力をマイクロ波ディテクタで検波し，その直流出力をボルトメータ等で測定し，共振カーブを測定しても良い．

5.3.2　誘電率の測定

このような測定系において試料を挿入するが，その場合，挿入試料の体積 ΔV の測定が必要になる．そのため，測定では共振器の高さが b と知られているので，試料の断面寸法をマイクロメータ等で測定する．この場合，試料によって表面に凹凸や曲率が存在する場合があるので，場所を変えて数箇所の測定を行い，平均値を求める．試料寸法の計測の様子を 図 5.14 に示すとともに，測定例としてテフロンと電波吸収材の測定結果を 表 5.2 に示す．

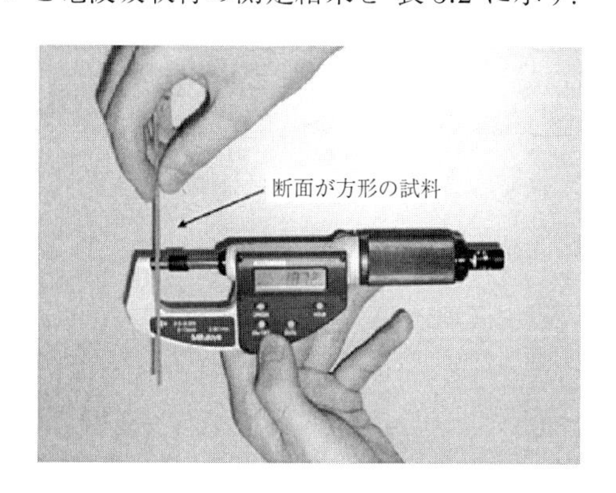

図 **5.14**　試料寸法の計測の様子

さらに，この共振器に対して試料を挿入した前後の透過特性 (S_{21}) の測定例を 図 5.15 に示すとともに，それらの結果から求めた共振周波数 (f_0)，3dB 帯域幅 (Δf) および挿入損失 (IL_0) を 表 5.3 にまとめて示す．そのときの共振カーブを観察すると，試料の損失が大きかったり，試料の寸法が大きいと Q が急激に低下することから，共振周波数や Q 値の測定に大きな誤差が生じる場合もある．

表 5.2　試料寸法の測定結果

	テフロン		電波吸収材	
測定場所	縦 [mm]	横 [mm]	縦 [mm]	横 [mm]
上端	1.995	1.963	1.877	1.853
中央	1.987	1.965	1.880	1.852
下端	1.983	1.954	1.846	1.868
平均値	1.988	1.961	1.868	1.858

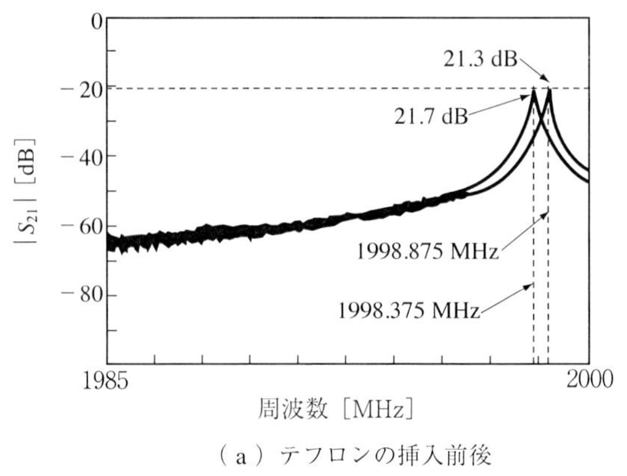

（a）テフロンの挿入前後

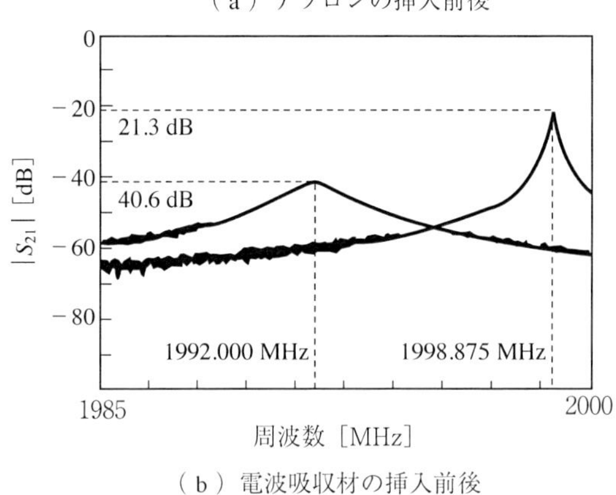

（b）電波吸収材の挿入前後

図 5.15　共振器の透過特性

表 **5.3** 透過特性のまとめ

	試料非挿入時	テフロン	電波吸収材
共振周波数 [MHz]	1998.875	1998.375	1992.000
3dB 帯域幅 [MHz]	0.198640	0.222412	1.637921
挿入損失 [dB]	21.3	21.7	40.6

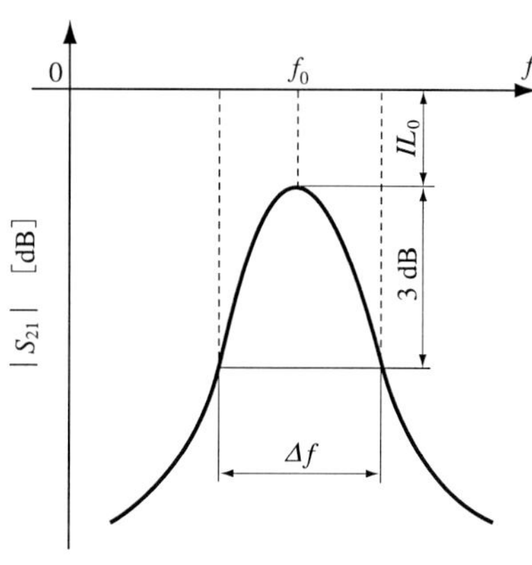

図 **5.16** Q の算出法

さて，これらの値を用いて Q 値は 図 5.16 で定義する次式を用いて計算する．

$$Q = \frac{f_0}{\Delta f} \cdot \frac{1}{1 - 10^{-\frac{IL_0}{20}}} \tag{5.67}$$

ただし，

f_0: 共振周波数

Δf: 3dB 帯域幅

IL_0: 挿入損失 [dB]

すなわち，実際に計算すると試料非挿入時の Q 値は，

$$Q_0 = \frac{1998.875}{0.198640} \cdot \frac{1}{1 - 10^{-\frac{21.3}{20}}} = 11010.83$$

となり，テフロン挿入時の Q 値は，

$$Q_L = \frac{1998.375}{0.222412} \cdot \frac{1}{1 - 10^{-\frac{21.7}{20}}} = 9789.989$$

および，電波吸収材挿入時のQ値は，

$$Q_L = \frac{1992.000}{1.637921} \cdot \frac{1}{1 - 10^{-\frac{40.6}{20}}} = 1227.633$$

となる．

ここで，Q値の計算は一般に $Q = f_0/\Delta f$ として求めることも多いが，挿入損失 IL_0 が40dBより小さい場合は，外部Qの影響が1%以上となるので，補正項を含む(5.67)式を用いた方が精度良く求めることができる．なお，(5.67)式の導出について以下に簡単に示しておく．

すなわち，外部Qを Q_e，無負荷Qを Q_u および負荷Qを Q_L としたとき，これらの間には

$$\frac{1}{Q_L} = \frac{1}{Q_u} + \frac{2}{Q_e} \tag{5.68}$$

という関係が成り立ち，

$$\frac{1}{Q_u} = \frac{1}{Q_L} - \frac{2}{Q_e} = \frac{1 - (2Q_L/Q_e)}{Q_L} \tag{5.69}$$

より，Q_u は次式で与えられる．

$$Q_u = \frac{Q_L}{1 - \alpha} \tag{5.70}$$

ここで，α は

$$\alpha = \frac{2Q_L}{Q_e} = |S_{21}(f_0)| \tag{5.71}$$

であり，挿入損失 IL_0 の測定値を用いて表すと，

$$20 \log |S_{21}(f_0)| = 20 \log \alpha = -IL_0 \quad [\mathrm{dB}] \tag{5.72}$$

となる．これを α について解くと，

$$\alpha = 10^{-\frac{IL_0}{20}} \tag{5.73}$$

となり，さらに(5.70)式に代入すると，

$$Q_u = \frac{Q_L}{1 - 10^{-\frac{IL_0}{20}}} = \frac{f_0}{\Delta f}\frac{1}{1 - 10^{-\frac{IL_0}{20}}} \tag{5.74}$$

となることから，$f_0, \Delta f, IL_0$ から無負荷 Q を求めることができる．

以上の測定値を導出した摂動公式に代入して $\dot{\varepsilon}_r$ を計算すると，テフロンでは

$$\begin{aligned}
\varepsilon_r' &= 1 - \frac{1}{\alpha_\varepsilon}\frac{f_L - f_0}{f_L}\frac{V}{\Delta V} \\
&= 1 - \frac{1}{2}\frac{1998.375 - 1998.875}{1998.375}\frac{109.2 \times 54.61 \times 313.6}{1.988 \times 1.961 \times 54.61} \\
&= 2.07 \\
\varepsilon_r'' &= \frac{1}{2\alpha_\varepsilon}\left(\frac{1}{Q_L} - \frac{1}{Q_0}\right)\frac{V}{\Delta V} \\
&= \frac{1}{2 \times 2}\left(\frac{1}{9789.989} - \frac{1}{11010.83}\right)\frac{109.2 \times 54.61 \times 313.6}{1.988 \times 1.961 \times 54.61} \\
&= 0.02
\end{aligned}$$

となる．一方，電波吸収材では

$$\begin{aligned}
\varepsilon_r' &= 1 - \frac{1}{2}\frac{1992.000 - 1998.875}{1992.000}\frac{109.2 \times 54.61 \times 313.6}{1.868 \times 1.858 \times 54.61} \\
&= 18.03 \\
\varepsilon_r'' &= \frac{1}{2 \times 2}\left(\frac{1}{1227.633} - \frac{1}{11010.83}\right)\frac{109.2 \times 54.61 \times 313.6}{1.868 \times 1.858 \times 54.61} \\
&= 1.79
\end{aligned}$$

となり，各試料の複素比誘電率 ($\dot{\varepsilon}_r = \varepsilon_r' - j\varepsilon_r''$) は，表 5.4 のとおり求めることができる．

表 5.4 複素比誘電率のまとめ

テフロン	電波吸収材
$2.07 - j0.02$	$18.03 - j1.79$

なお，摂動法における $\dot{\varepsilon}_r$ 測定精度は，共振周波数 f_0，f_L，3dB 帯域幅 Δf，共振器の体積 V および試料の体積 ΔV のうち有効桁数が最小のものによって決

まる．上の例においては，f_0，f_L，Δf の有効数字が7桁，V，ΔV が4桁程度なので，ε_r' および ε_r'' も有効数字4桁程度まで求めることができると予想される．このことから，摂動法で高精度の複素比誘電率測定をするためには，試料および共振器の寸法を精度良く測定することが求められ，特に試料の平坦性は重要となる．

さらに，摂動法では試料の挿入前後における電磁界に変化がないとの仮定を用いているが，試料が大きくなったり，試料の材料定数が大きいとその仮定が成り立たなくなる．そのような誤差に対してでは，FDTD(Finite Difference Time Domain) 法を用いて数値解析的にその誤差が定量的に検討されている．その一例を示すと図5.17のようになる．

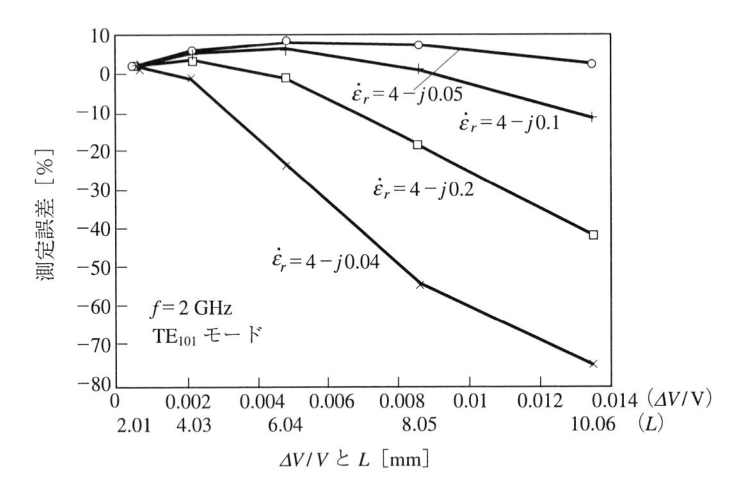

図 5.17　測定誤差の計算結果の一例 ($\varepsilon_r' = 4$) (文献［7］〜［10］)

この図から知られるように，試料の体積 (ΔV) やその $\dot{\varepsilon}_r$ が大きくなると，次第に誤差が大きくなることが知られ，測定時における誤差の目安となる．

5.4　応用測定

ここでは摂動法を用いて試料の温度変化に対する材料定数の測定法について，熱風とマイクロ波を用いた方法について説明する．

5.4.1　熱風加熱法

(a) 測定材料

測定材料はフェライトを混入したガラス繊維FRPであり，その製作工程を図5.18に示す．この図に示すように，まずガラスクロス上にフェライト粉末(ネオフェライト：粒径20〜30μm)とエポキシ樹脂(多官能エポキシ)からなるレジンフィルムを高温加圧してプリプレグを製作する．次に，このプリプレグを数枚積層し加熱，硬化してラミネートを製作し，最後に約0.5mm ×0.5mm ×50mmの棒状に試料を切断し測定試料とする．なお組成割合は，ガラスクロスが20〜30体積割合，フェライト粉末が10〜20体積割合，およびエポキシ樹脂が50〜60体積割合である．

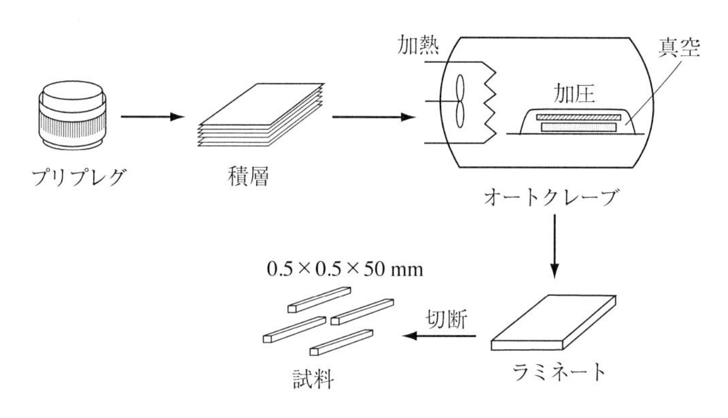

図 5.18　試料の製作工程

(b) 測定法

測定はTE_{105}方形空洞共振器法(共振周波数 約8GHz)で行うが，その測定の様子を図5.19に示す．試料の挿入位置は，摂動法を用いるため，電界または磁界のみが存在する位置を選択する．測定は自動計測で行うため，各種測定器をGP-IBケーブルを介してコンピュータで制御する．図5.20は，この測定方法の概略構成図を示したものである．

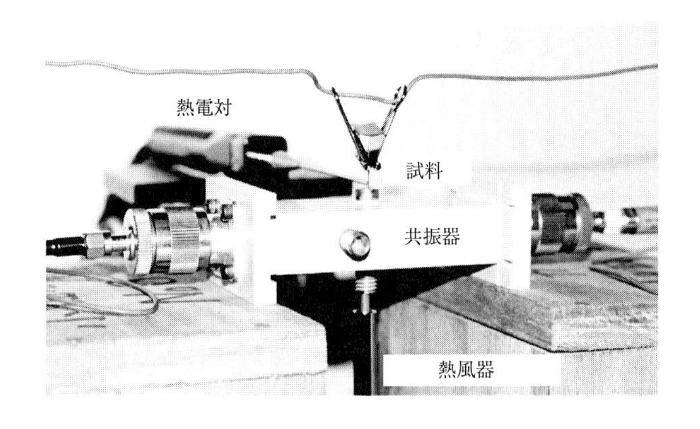

図 **5.19**　測定の様子 (8GHz 用)

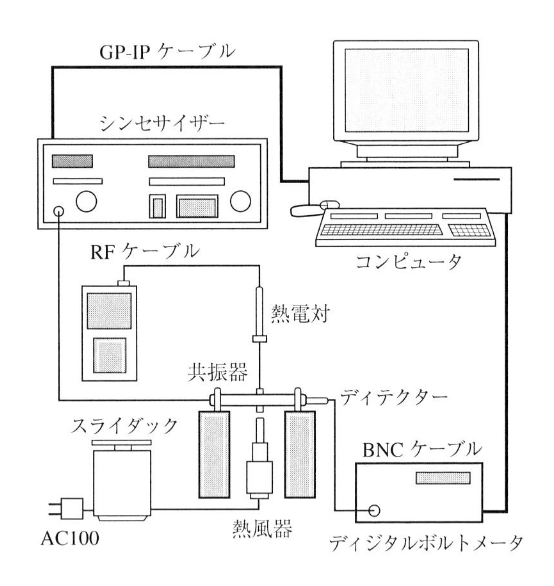

図 **5.20**　測定法の概略構成図

すなわち，先の図 5.5 で示したようにネットワークアナライザーを用いてもよいが，ここではまず測定において，発振された共振周波数付近のマイクロ波を RF ケーブルを介して共振器に入力する．そして，共振器内のエネルギーをディテクタにより電圧に変換し，BNC ケーブルを経由しディジタルボルトメータで読み取る．更に，この出力の値を GP-IB ケーブル を通して発振周波数とともにコンピュータへ取り込むようにする．このような構成において，測定試料挿入前後の共振周波数および Q 値を測定し，摂動公式を用いてこれらの値から複素比透磁率 ($\dot{\mu}_r = \mu_r' - j\mu_r''$) および複素比誘電率 ($\dot{\varepsilon}_r = \varepsilon_r' - j\varepsilon_r''$) の実部と虚部を求める．

次に，本測定における試料の温度上昇法としては，試料が極めて小さく放熱性が大きい場合，図 5.21 に示すように熱風器から発生させた熱風を共振器の試料挿入口に通過させ，試料全体をこの熱風の雰囲気温度で包み込むようにする．このようにして，試料の雰囲気温度を上昇させることにより，試料自体の温度を上昇させる．なお，熱風器の温度は，熱風器に印加する電圧をスライダックでコントロールすることにより変化させると共に，温度の測定はディジタル温度計 (熱電対) を用いて行う．

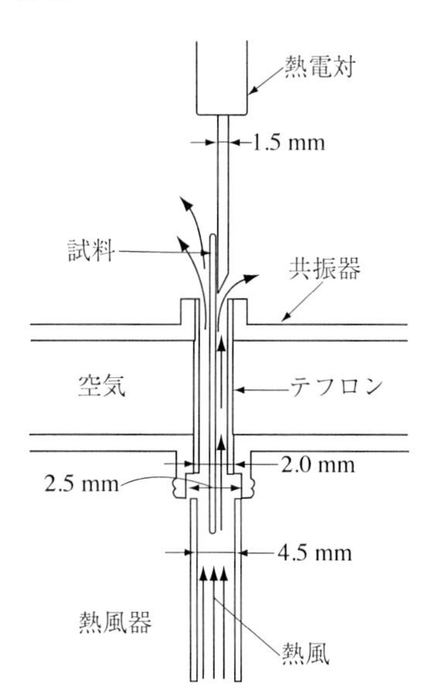

図 **5.21** 試料の温度上昇法 (共振器の概略断面図)

このようにして，温度を常温 (約 25°C) から 150°C まで上昇させ，各温度での測定試料挿入前後の共振周波数および Q 値を測定する．

(c) 測定結果

図5.22はこのような試料および測定法を用いて算出した材料定数を示したものである．なお，共振器と試料の体積および摂動定数は温度に依存しないものとして取り扱う．

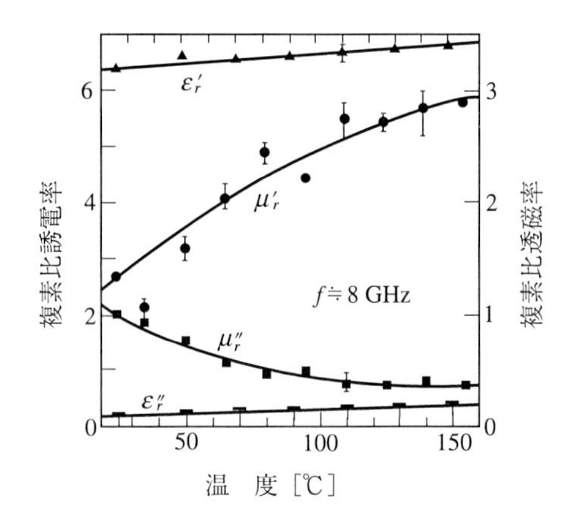

図 **5.22**　$\dot{\varepsilon}_r$ と $\dot{\mu}_r$ の温度依存性 (文献 [6])

この図において●印および縦棒は3回の測定から得られた材料定数の平均値および偏差を示している．また，測定値を結ぶ曲線は4次式の補間曲線である．これより，温度が上昇するにつれて複素比誘電率の実部 ε_r' は約6.4から 6.8，および虚部 ε_r'' は約0.2から 0.4と変化が小さいのに対し，複素比透磁率はその実部 μ_r' は約1.3から3.0，　および虚部 μ_r'' は約1.0から0.3と大きく変化している様子がみられている．

(d) 測定誤差

(i) 膨張による誤差

この測定においては，前述したように試料の温度上昇法として熱風方式を用いている．このために，測定試料以外に試料挿入口を中心として共振器にも熱が加わり，共振器自体が膨張し，共振周波数が変化する可能性がある．

共振器を構成する材質は銅であり，その熱膨張係数は次式で表される．

$$\frac{1\Delta L}{L\Delta T} \times 10^6 = 17.7 \qquad (20°\mathrm{C})$$

ここで， L は長さ， ΔL は変化長， ΔT は温度変化である．

この式を用いて，温度変化 (25°C から 150°C まで) に対する共振器の体積の変化の割合 $V_{C_{150°C}}/V_{C_{25°C}}$ を求めると，

$$\frac{V_{C_{150°C}}}{V_{C_{25°C}}} = 1.0045$$

と計算できる．この結果と (5.1)～(5.4) 式を用いることにより，たとえ共振器の温度が 150°C 程度になったとしても，測定する材料定数に対する誤差は約 0.5 % と計算でき，複数回の測定値のばらつきよりも小さいものと判断できる．

(ii) 試料挿入口による誤差

図 5.21 に試料挿入口の様子を示したように，この測定においてはこの挿入口の影響による誤差が考えられる．しかし，棒状試料の半径を b と置いたとき寸法係数 S が

$$|S| = \left|\frac{2\pi b\sqrt{\dot{\varepsilon}_r\dot{\mu}_r}}{\lambda}\right| \leq 0.5$$

の範囲内にあれば 数% の誤差であることが確認されている．ここで測定した試料の半径は 約 0.25mm の棒状試料であるので，近似的にその誤差を検討すると，寸法係数 S は常温 25°C で $|S| = 0.234$，150°C で $|S| = 0.318$，となり，この条件を満たしているため，試料挿入口による影響は小さいものと予想される．

5.4.2 マイクロ波加熱法

(a) 測定材料

測定材料は，2 種類のエポキシ樹脂系電波吸収材 (表 5.5) であり，その製作工程は図 5.23 に示すとおりである．

表 5.5　試料の組成

諸元	試料 A	試料 B
酸化チタン量 (phr)	26	26
炭素粒子量 (phr)	0	1

注) phr: parts per hundred parts of resin
(樹脂 100 部に対する質量含有率)

この図に示すように，まずエポキシ樹脂に酸化チタンおよび炭素粒子を添加し撹拌後，容器に注型，硬化することによって樹脂板を製作する．次に，この樹脂板を長さ 150mm，断面が 1.5×1.5mm の棒状に切削加工し，空洞共振器に挿入する試料とする．

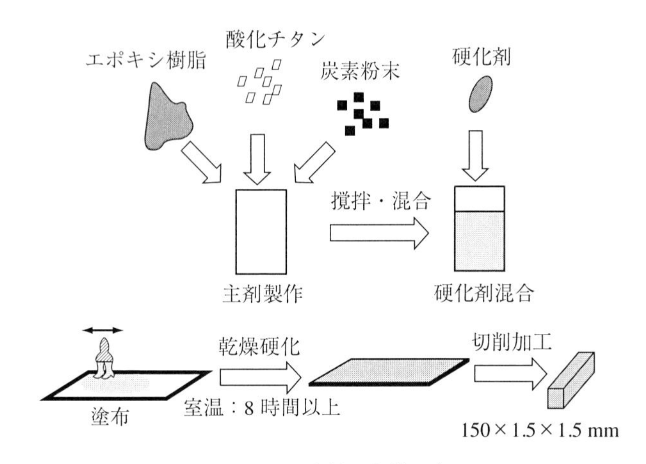

図 5.23　試料の製作工程

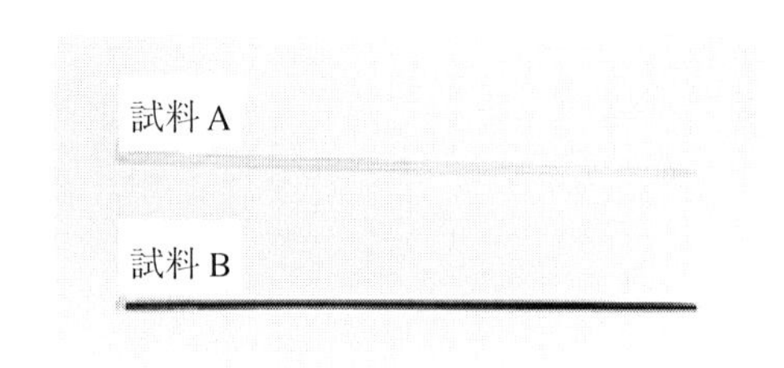

図 5.24　製作した試料

(b) 測定法

測定系のブロックダイヤグラムを図 5.25 に，測定の様子を図 5.26 に示す．これらの図に示すように，測定においては，ネットワークアナライザーからのマイクロ波電力を RF 増幅器 を使用して増幅する．増幅されたマイクロ波電力は，サーキュレータ，方向性結合器を介して空洞共振器に送り込まれ，試料の測定と加熱に用いられる．このとき発生する熱から空洞共振器を保護するために，冷却装置を設置する．さらに，共振器から出たマイクロ波電力は，ネットワークアナライザーを保護するために挿入された減衰器を経て，ネットワークアナライザーに入力される．

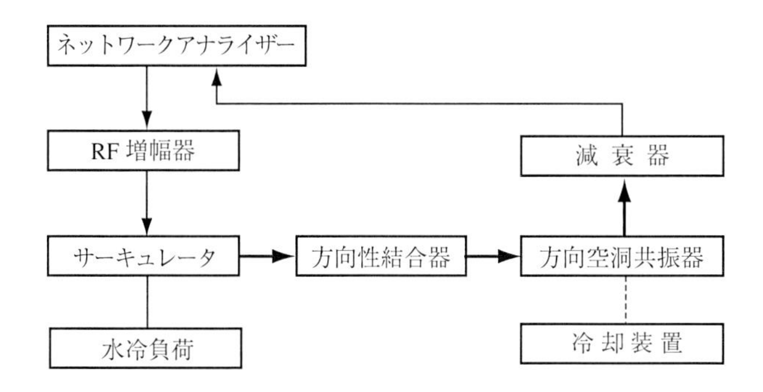

図 **5.25**　測定系のブロックダイヤグラム

使用した共振器は，110× 27× 147mm の方形空洞共振器であり，共振周波数は 2.45GHz，共振モードは TE_{102} である．この共振器内の電界最大点に試料を挿入し，ネットワークアナライザーで共振周波数と Q 値を測定し，試料の温度変化に対する複素比誘電率を求める．この測定で用いているマイクロ波加熱による試料温度上昇法は，試料を内部から加熱するので加熱ムラが少なく，試料をほぼ均一に加熱可能という特徴を有している．測定においては，ネットワークアナライザーの中心周波数を 2.45GHz に設定し，温度変化に対する方形空洞共振器の共振周波数および Q 値の変化の割合を測定するとともに，試料の表面温度を赤外線温度計を用いて計測する．また，試料温度は，ネットワークアナライザーの周波数帯域幅を変化させ，空洞共振器の共振継続時間を調整するこ

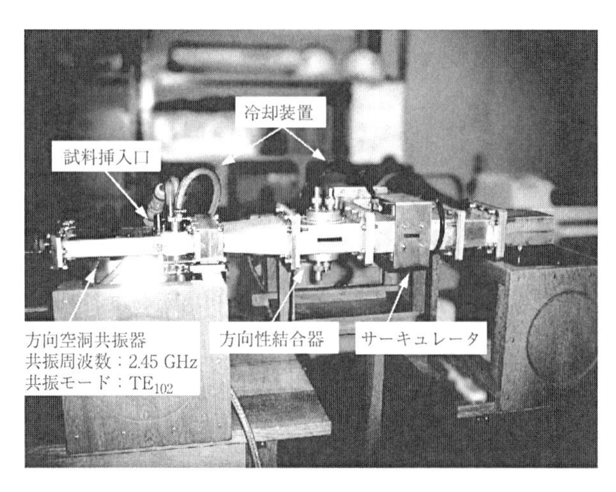

図 **5.26**　測定の様子 (文献 [16] [17])

とにより，加熱電力量を変化させて制御する．そして，この方法により得られた試料挿入前後の共振周波数および Q 値から，摂動公式を用いて各温度に対する複素比誘電率 ($\dot{\varepsilon}_r = \varepsilon'_r - j\varepsilon''_r$) の実部と虚部を求める．

(c) 測定結果

測定した複素比誘電率の温度特性を，図 5.27 に示す．図から明らかなように，試料 A と試料 B の複素比誘電率の温度特性は同様の傾向を示しており，温度が 24°C(室温) から 160°C へ上昇する過程で，その実部 ε'_r は試料 A で 14.7 から 16.8 へ，試料 B で 16.5 から 18.3 へ，それぞれ増加し，虚部 ε''_r は試料 A で 1.5 から 4.2 へ，試料 B で 2.0 から 4.3 へとそれぞれ増加することが確認できる．

参考文献

[1]　小笠原 直幸: “導波管による誘電率測定の実際”，応用物理, Vol.22, Nov. (1952).

[2]　小笠原 直幸: “30～900MC におけるポリアイアンの透磁率の分離測定”，信学会マイクロ波伝送研究専門委員会資料，Dec. (1952).

[3]　小笠原 直幸: “空洞共振器の摂動を利用する ε, μ の分離測定法”，電学誌, Vol.74, No.795, pp.1486–1492 (1954).

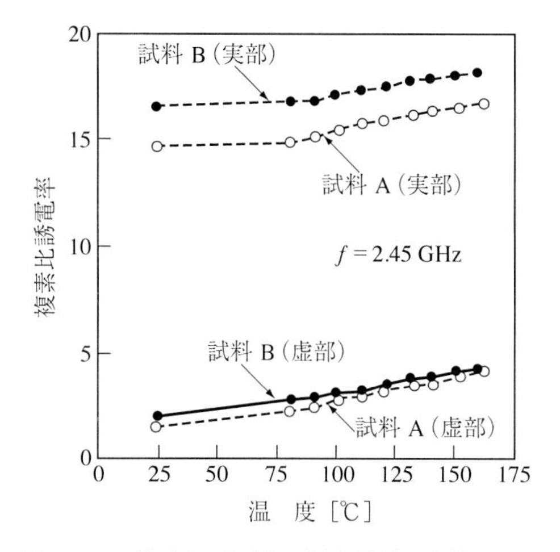

図 **5.27**　複素比誘電率の温度特性 (文献 [18])

[4] 小笠原 直幸: "棒試料によるフェライトの誘電率とテンソル透磁率の測定", 電学誌, Vol.77, No.825, pp.661–666 (1957).

[5] 小笠原 直幸: "S-Band におけるフェライトの ε 及び μ の測定と応用", 信学会マイクロ波伝送研究専門委員会資料 (1957).

[6] 橋本 修, 船越 一就: "電波吸収体特性の温度依存性に関する研究", 信学論, B-II, Vol.J78-B-II, pp.729–732 (1995).

[7] 橋本 修, 阿部 琢美: "FDTD 法による方形空洞共振器を用いた誘電率測定に関する一検討", 信学論, B-II, Vol.J79-B-II, pp.121–122 (1996).

[8] 橋本 修, 池田 宏一: "FDTD 法による導波管定在波法を用いた誘電率測定に関する一考察", 信学論, B-II, Vol.J79-B-II, pp.616–618 (1996).

[9] 橋本 修, 阿部 琢美: "FDTD 法による矩型空洞共振器を用いた誘電率測定に関する一検討", 信学論, Vol.J79B-2, pp.616-618 (1996).

[10] 阿部 琢美, 橋本 修, 高橋 毅, 三浦 太郎, 西本 眞吉: "FDTD 法による方形空洞共振器を用いた板状誘電体の誘電率測定に関する検討", 電学誌, Vol.118-A, No.9, pp.1043-1048 (1998).

[11] 小林 禧夫: "マイクロ波共振器の測定技術", MWE2001 Microwave Workshop Digest (2000).

[12] Roger F Harrington: "Time-Harmonic electomagnetic fields", McGRAW-HILL (1961).

[13] 小笠原 直幸, 鈴木 道也: "ミリ波", 日刊工業新聞社, (1961).

[14] 小笠原 直幸, 鈴木 道也, 布施 正: “ミリ波工学”, ラティス社 (1976).

[15] 上野 良一, 上条 敏生: “マイクロ波帯における摂動法による誘電率測定法”, 信学技報, MW87-42, pp.13-18 (1987).

[16] 中村 貴之, 二川 佳央, 岡田 文明, 田中 宏之: “空洞共振器を用いた材料の複素誘電率温度依存性の評価と電磁界シミュレーション”, 信学技報, MW2000-100, pp.7-11 (2000).

[17] 中村 貴之, 二川 佳央: “誘電体のマイクロ波領域における電磁界シミュレータを併用した複素誘電率特性評価”, 信学技報, EMCJ2001-82, pp.13-17 (2001).

[18] 宗 哲, 中村 貴之, 加藤 正則, 二川 佳央, 橋本 修: “高温下における樹脂系電波吸収体の吸収特性に関する検討” , 電気学会, IM-02-27, pp.11-15 (2002).

第6章

ホーンアンテナ法

本章では，マイクロ波からミリ波帯の測定に用いられている自由空間におけるホーンアンテナ法について説明する．説明ではまず，自由空間における反射と透過の解析や，この解析を用いた測定原理を述べる．そして，具体的な測定として 5GHz 帯および 60GHz 帯における反射法と透過法による測定例を説明する．

6.1　測定の概要

自由空間法とは，図 6.1 に示すように自由空間に測定試料を置き，その試料に入射角度，偏波，周波数等を変化させた電波を入射し，その時の反射波や透過波の位相や振幅を測定し，その値から材料定数 (複素比誘電率 $\dot{\varepsilon}_r$ や複素比透磁率 $\dot{\mu}_r$) を測定する方法である．この方法では，試料はある程度の面精度がある平板でよく，精密な加工精度を要求されないことや，導波管内や共振器内に試料を挿入する必要がないことから，導波管や共振器の寸法にとらわれず，ミリ波帯での測定にも有効な測定法といえる．

この測定を行うためには，まず平板試料に平面波が入射した場合の反射係数や透過係数を理論的に取り扱う必要がある．この場合，図 6.2 に示すように，解析するモデルに (1) 平面波，(2) 無限の長さ (通常，10 λ 以上)，(3) 表面が平坦，(4) 均一で異方性がない (局部的な複素比誘電率の変化がない) という仮定が成り立つとき，電磁界の問題を伝送線理論として容易に扱うことができる．解析の詳細は次節とするが，結果として反射係数と透過係数は，一般に測定を行う試料に金属板を裏打ちした場合 (金属板で短絡した場合) と，しない場合につい

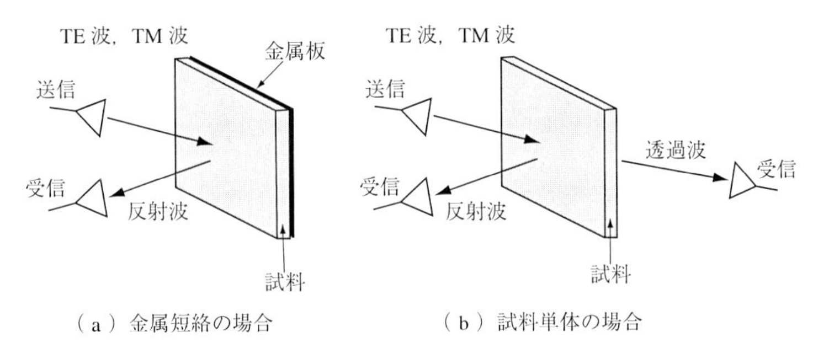

図 **6.1**　自由空間法の概要

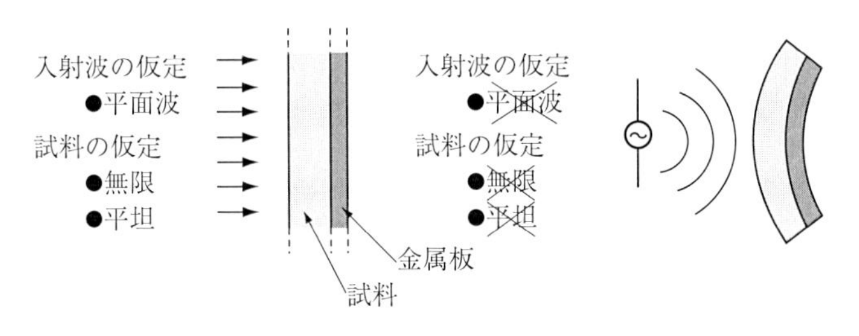

図 **6.2**　解析の仮定

て次のように求めることができる．

(1) 金属板裏打ちの場合

$$\text{反射係数}\quad \dot{\Gamma} = \frac{\dot{R} - e^{-2\dot{\gamma}_{cn}d}}{1 - \dot{R}e^{-2\dot{\gamma}_{cn}d}} \tag{6.1}$$

(2) 金属板のない場合

$$\text{反射係数}\quad \dot{\Gamma} = \frac{\dot{R}(1 - e^{-2\dot{\gamma}_{cn}d})}{1 - \dot{R}^2 e^{-2\dot{\gamma}_{cn}d}} \tag{6.2}$$

$$\text{透過係数}\quad \dot{T} = \frac{(1 - \dot{R}^2)e^{(\dot{\gamma}_{0n} - \dot{\gamma}_{cn})d}}{1 - \dot{R}^2 e^{-2\dot{\gamma}_{cn}d}} \tag{6.3}$$

ここで，$\dot{\gamma}_{0n}$は$j(2\pi/\lambda_0)\sqrt{1-\sin^2\theta}$，および$\dot{\gamma}_{cn}$は$j(2\pi/\lambda_0)\sqrt{\dot{\varepsilon}_r\dot{\mu}_r - \sin^2\theta}$であり，$\dot{R}$はTE波およびTM波の場合について，それぞれ以下のように表さ

れる．

$$\text{TE 波の場合:}\quad \dot{R}_{TE}=\frac{\dot{\mu}_r\sqrt{1-\sin^2\theta}-\sqrt{\dot{\varepsilon}_r\dot{\mu}_r-\sin^2\theta}}{\dot{\mu}_r\sqrt{1-\sin^2\theta}+\sqrt{\dot{\varepsilon}_r\dot{\mu}_r-\sin^2\theta}} \tag{6.4}$$

$$\text{TM 波の場合:}\quad \dot{R}_{TM}=\frac{\sqrt{\dot{\varepsilon}_r\dot{\mu}_r-\sin^2\theta}-\dot{\varepsilon}_r\sqrt{1-\sin^2\theta}}{\sqrt{\dot{\varepsilon}_r\dot{\mu}_r-\sin^2\theta}+\dot{\varepsilon}_r\sqrt{1-\sin^2\theta}} \tag{6.5}$$

このように反射と透過の問題を伝送線理論を用いて簡単に扱うことができるので，正確に反射波や透過波が測定できれば，この測定値を用いて逆推定問題として $\dot{\varepsilon}_r$ や $\dot{\mu}_r$ を測定できることになる．

$$\underset{\text{(測定)}}{\underset{\uparrow}{\dot{\Gamma}_m}}=\underset{\text{(理論)}}{\underset{\uparrow}{\dot{\Gamma}_c}}(\lambda,d,\dot{\varepsilon}_r,\dot{\mu}_r) \tag{6.6}$$

ここで，λ は測定したい波長，d は測定により求める試料の厚みである．この場合，先に述べたように伝送線理論による計算には上記の 4 つの仮定があり，その 1 つでも満足しないと誤差となる．例えば，試料の大きさに着目すると，例として，1GHz の測定では λ は 30cm であることから，通常いわれている 10λ の大きさを要求すると 3m の試料を必要とすることになる．また，測定距離が短く入射波が平面波となっていない測定でも誤差となるため，周波数によっては大きな測定距離 (測定スパン) が必要となる．

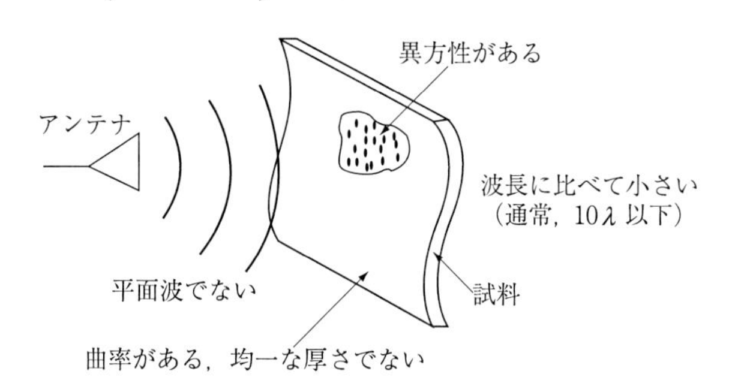

図 6.3 伝送線理論として扱えないモデル

さて，測定および計算が可能となり，測定値から逆推定として $\dot{\varepsilon}_r$ や $\dot{\mu}_r$ を測定するためにどうするのか．これについては色々な方法があるが，測定値と計算値の残差2乗和が最小になるように推定を行うのも一例である．すなわち，図6.4に示すように，$\dot{\mu}_r$が1である誘電材料の$\dot{\varepsilon}_r$を推定する場合には，最初任意に選択した誘電率の実部ε_r'と虚部ε_r''を用いて反射量を計算し，その残差2乗和を計算する(曲線A)．この場合，この初期値は一般に最適値ではないので，測定値と計算値の残差は大きな値を示す．そこで，この残差を最小にするようにニュートン法等を用いて最適な誘電率を求める．その値を用いて計算した反射量は除々に測定値とフィットするようになり(曲線B)，誘電率が最適な値に収束したとき曲線Cのように測定値と計算値はベストフィットする．このようにして，誘電率を逆推定するが，もちろん，$\dot{\varepsilon}_r$のみでなく，$\dot{\varepsilon}_r$と$\dot{\mu}_r$を同時推定することも可能である．

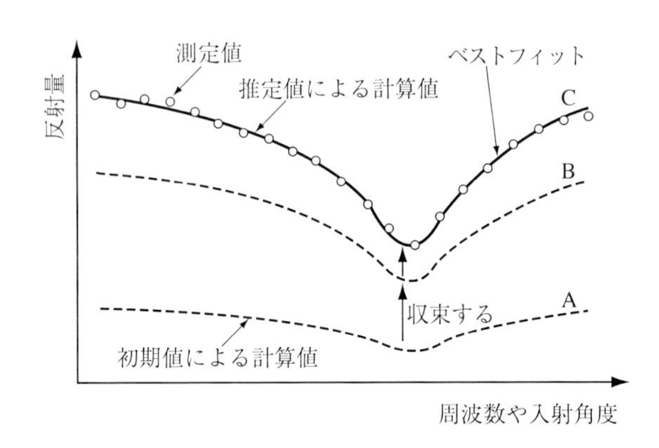

図 6.4　ニュートン法の概要

6.2　測定の詳細

自由空間法における測定では，平板試料からの反射波や透過波を理論的に計算できることと，精度よく反射波や透過波を測定する必要がある．そのため，ここでは斜入射特性を含めて，(a) 金属板裏打ちの場合と，(b) 金属板がない場合にわけて，その解析法を示すとともに，反射量の各種測定法について説明する．さらに，これらの計算値と測定値から材料定数を推定する方法についても説明する．

6.2.1 反射と透過

(a) 金属板裏打ちの場合

まず，金属板裏打ちの場合の反射係数を導出する．解析においては，図 6.5(a) に示す解析モデルを，同図 (b) の電気的等価回路に置き換える．この等価回路において，図の左側から右側に向かって進む方向 (z) を + とすると，各領域の電圧 (電界に相当) および電流 (磁界に相当) は以下のように表される．ここで，サフィックス n は z 方向に平行に伝搬する平面波成分に対する波動インピーダンスや伝搬定数であることを表している．

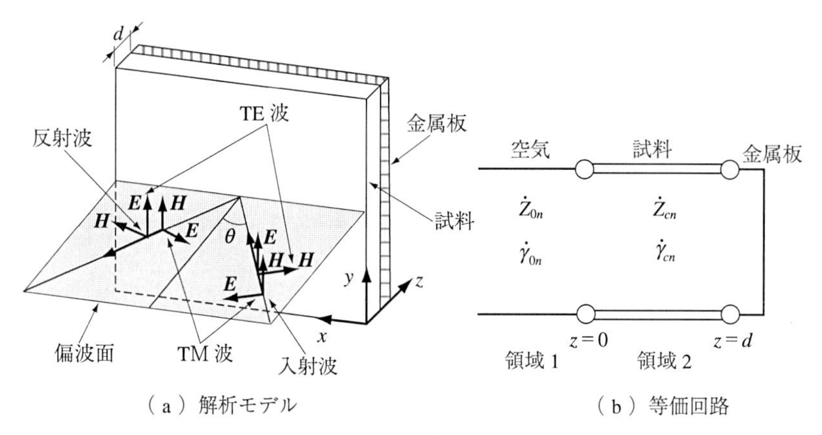

図 6.5 金属板裏打ちの場合

○領域 1 の進行波

$$V_i = V_0 e^{-\dot{\gamma}_{0n} z} \tag{6.7}$$

$$I_i = \frac{V_0}{Z_{0n}} e^{-\dot{\gamma}_{0n} z} \tag{6.8}$$

○領域 1 の反射波

$$V_r = V_1 e^{+\dot{\gamma}_{0n} z} \tag{6.9}$$

$$I_r = -\frac{V_1}{Z_{0n}} e^{+\dot{\gamma}_{0n} z} \tag{6.10}$$

○領域2の進行波と反射波

$$V_c = V_+ e^{-\dot{\gamma}_{cn} z} + V_- e^{+\dot{\gamma}_{cn} z} \tag{6.11}$$

$$I_c = \frac{1}{\dot{Z}_{cn}} (V_+ e^{-\dot{\gamma}_{cn} z} - V_- e^{+\dot{\gamma}_{cn} z}) \tag{6.12}$$

このような電圧と電流の仮定に対して，$z = 0$ (空気との境界面) および $z = d$ (金属面) において境界条件を適用する．分布定数線路上で境界条件を考える場合，空間中で電界に相当する電圧と，磁界に相当する電流についてキルヒホッフの法則を適用すればよく，以下に示す等式が成り立つ．

○空気との境界面 ($z = 0$) において

$$\text{電圧について:} \quad V_0 + V_1 = V_+ + V_- \tag{6.13}$$

$$\text{電流について:} \quad \frac{1}{Z_{0n}} (V_0 - V_1) = \frac{1}{\dot{Z}_{cn}} (V_+ - V_-) \tag{6.14}$$

○金属面 ($z = d$) において

$$\text{電圧について:} \quad V_+ e^{-\dot{\gamma}_{cn} d} + V_- e^{+\dot{\gamma}_{cn} d} = 0 \tag{6.15}$$

この (6.13)，(6.14)，(6.15) 式を用いて，V_0, V_1を V_+ で表すと以下のようになる．

$$V_0 = \frac{1}{2} \left\{ \left(1 + \frac{Z_{0n}}{\dot{Z}_{cn}} \right) - \left(1 - \frac{Z_{0n}}{\dot{Z}_{cn}} \right) e^{-2\dot{\gamma}_{cn} d} \right\} V_+ \tag{6.16}$$

$$V_1 = \frac{1}{2} \left\{ \left(1 - \frac{Z_{0n}}{\dot{Z}_{cn}} \right) - \left(1 + \frac{Z_{0n}}{\dot{Z}_{cn}} \right) e^{-2\dot{\gamma}_{cn} d} \right\} V_+ \tag{6.17}$$

これより，反射係数 $\dot{\Gamma}$ は，入射波と反射波の比で表されるから，(6.16)，(6.17) 式を用いて次のように導出できる．

$$\dot{\Gamma} = \frac{V_1}{V_0} = \frac{\left(1 - \dfrac{Z_{0n}}{\dot{Z}_{cn}} \right) - \left(1 + \dfrac{Z_{0n}}{\dot{Z}_{cn}} \right) e^{-2\dot{\gamma}_{cn} d}}{\left(1 + \dfrac{Z_{0n}}{\dot{Z}_{cn}} \right) - \left(1 - \dfrac{Z_{0n}}{\dot{Z}_{cn}} \right) e^{-2\dot{\gamma}_{cn} d}}$$

$$= \frac{\dfrac{\dot{Z}_{cn} - Z_{0n}}{\dot{Z}_{cn} + Z_{0n}} - e^{-2\dot{\gamma}_{cn}d}}{1 - \dfrac{\dot{Z}_{cn} - Z_{0n}}{\dot{Z}_{cn} + Z_{0n}} e^{-2\dot{\gamma}_{cn}d}} = \frac{\dot{R} - e^{-2\dot{\gamma}_{cn}d}}{1 - \dot{R}e^{-2\dot{\gamma}_{cn}d}} \tag{6.18}$$

ここで，$\dot{R}$ は $(\dot{Z}_{cn} - Z_{0n})/(\dot{Z}_{cn} + Z_{0n})$ である．

また，TE 波および TM 波における波動インピーダンスおよび伝搬定数はそれぞれ次のように表される．すなわち，TE 波の場合，図 6.6 に示すように，$\dot{\varepsilon}_r$，$\dot{\mu}_r$ の媒質に TE 波が z 軸と θ の角度で入射し，反射角 θ の反射波および屈折角 θ_t の透過波が生じた場合について考える．TE 波では，入射波の電界 E_i は y 成分のみで入射面 (xz 平面) に垂直，また磁界 H_i は，z 成分および x 成分を有し，入射面内にある．

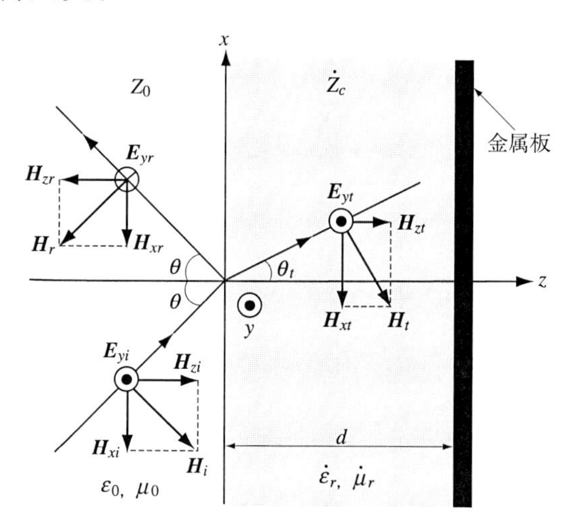

図 **6.6**　TE 波の反射および透過

この場合，z 方向に伝搬する平面波成分に対する波動インピーダンス成分 Z_{0n} および $\dot{Z}_{cn}$ は電界 E_i および磁界 H_i 成分の z 方向に対する垂直成分について考えればよいから，それぞれ次式で表される．

$$Z_{0n} = \frac{E_{yi}}{H_{xi}} = \frac{E_{yi}}{H_i \cos\theta} = \sqrt{\frac{\mu_0}{\varepsilon_0}} \cdot \frac{1}{\cos\theta} = \frac{Z_0}{\cos\theta} \tag{6.19}$$

$$\dot{Z}_{cn} = \frac{E_{yt}}{H_{xt}} = \frac{E_{yt}}{H_t \cos\theta_t} = \sqrt{\frac{\dot{\mu}_r}{\dot{\varepsilon}_r} \cdot \frac{\mu_0}{\varepsilon_0}} \cdot \frac{1}{\cos\theta_t} = \frac{\dot{Z}_c}{\cos\theta_t} \tag{6.20}$$

また，自由空間および媒質内部における伝搬定数の z 方向に対する垂直成分 $\dot{\gamma}_{0n}, \dot{\gamma}_{cn}$ は自由空間および媒質内の入射角度がそれぞれ θ および θ_t のとき，以下のように表すことができる．

$$\dot{\gamma}_{0n} = j\frac{2\pi}{\lambda_0/\cos\theta} = j\frac{2\pi}{\lambda_0}\cos\theta \tag{6.21}$$

$$\dot{\gamma}_{cn} = j\frac{2\pi}{\lambda_0/\cos\theta_t}\sqrt{\dot{\varepsilon}_r\dot{\mu}_r} = j\frac{2\pi}{\lambda_0}\sqrt{\dot{\varepsilon}_r\dot{\mu}_r}\cos\theta_t \tag{6.22}$$

さらに，入射角 θ と屈折角 θ_t の間には，次式で表される屈折に関するスネルの法則が成立しているので，次式を用いて上記 (6.20) 式および (6.22) 式から θ_t を消去することができる．

$$\frac{\sin\theta}{\sin\theta_t} = \frac{\sqrt{\dot{\varepsilon}\dot{\mu}}}{\sqrt{\varepsilon_0\mu_0}} = \frac{\sqrt{\dot{\varepsilon}_r\varepsilon_0 \cdot \dot{\mu}_r\mu_0}}{\sqrt{\varepsilon_0\mu_0}} = \sqrt{\dot{\varepsilon}_r\dot{\mu}_r} \tag{6.23}$$

次に，図 6.7 に示すように，TM 波が z 軸と θ の角度で入射し，反射波および透過波が生じた場合について考える．TM 波では，入射波の磁界 H_i は y 成分のみで入射面 (xz 平面) に垂直であり，また電界 E_i は，z 成分および x 成分を有し，入射面内にある．

この場合も，TE 波の場合と同様，自由空間媒質中のそれぞれの波動インピーダンス Z_0 および $\dot{Z}_c$ の垂直成分 Z_{0n} および $\dot{Z}_{cn}$ は電界 E_i および磁界 H_i の各成分における z 方向に対する垂直成分について考えればよいから，それぞれ次式で表される．

$$Z_{0n} = \frac{E_{xi}}{H_{yi}} = \frac{E_i\cos\theta}{H_{yi}} = \sqrt{\frac{\mu_0}{\varepsilon_0}}\cos\theta = Z_0\cos\theta \tag{6.24}$$

$$\dot{Z}_{cn} = \frac{E_{xt}}{H_{yt}} = \frac{E_t\cos\theta_t}{H_{yt}} = \sqrt{\frac{\dot{\mu}_r}{\dot{\varepsilon}_r} \cdot \frac{\mu_0}{\varepsilon_0}}\cos\theta_t = \dot{Z}_c\cos\theta_t \tag{6.25}$$

また，伝搬定数および入射角と屈折角の関係 (屈折に関するスネルの法則) は偏波によらないので，TE 波の場合と同様に，表すことができる．

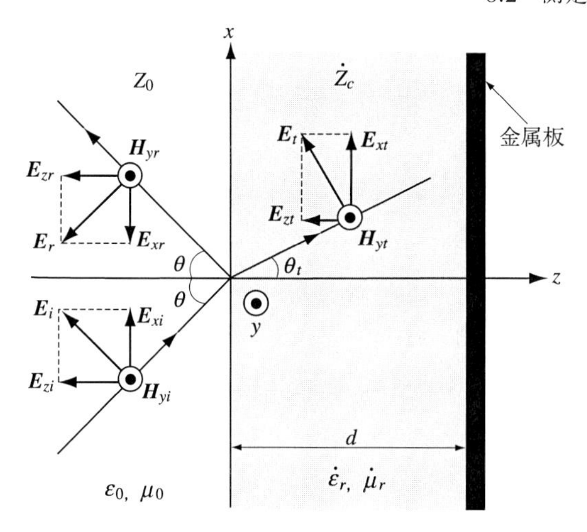

図 **6.7** TM 波の反射および透過

$$\dot{\gamma}_{0n} = j\frac{2\pi}{\dfrac{\lambda_0}{\cos\theta}} = j\frac{2\pi}{\lambda_0}\cos\theta \tag{6.26}$$

$$\dot{\gamma}_{cn} \ = \ j\frac{2\pi}{\dfrac{\lambda_0}{\cos\theta_t}}\sqrt{\dot{\varepsilon}_r\dot{\mu}_r} = j\frac{2\pi}{\lambda_0}\sqrt{\dot{\varepsilon}_r\dot{\mu}_r}\cos\theta_t \tag{6.27}$$

ただし

$$\frac{\sin\theta}{\sin\theta_t} = \sqrt{\dot{\varepsilon}_r\dot{\mu}_r} \tag{6.28}$$

以上の結果をまとめると，θ_t はスネルの法則により θ で表すことができるので，次のようになる．

○ TE 波の場合

$$Z_{0n} = \frac{Z_0}{\cos\theta} \tag{6.29}$$

$$\dot{\gamma}_{0n} = j\frac{2\pi}{\lambda_0}\cos\theta \tag{6.30}$$

$$\dot{Z}_{cn} = \frac{Z_0\dot{\mu}_r}{\sqrt{\dot{\varepsilon}_r\dot{\mu}_r - \sin^2\theta}} \tag{6.31}$$

$$\dot{\gamma}_{cn} = j\frac{2\pi}{\lambda_0}\sqrt{\dot{\varepsilon}_r\dot{\mu}_r - \sin^2\theta} \tag{6.32}$$

○ TM 波の場合

$$Z_{0n} = Z_0\cos\theta \tag{6.33}$$

$$\dot{\gamma}_{0n} = j\frac{2\pi}{\lambda_0}\cos\theta \tag{6.34}$$

$$\dot{Z}_{cn} = \frac{Z_0\sqrt{\dot{\varepsilon}_r\dot{\mu}_r - \sin^2\theta}}{\dot{\varepsilon}_r} \tag{6.35}$$

$$\dot{\gamma}_{cn} = j\frac{2\pi}{\lambda_0}\sqrt{\dot{\varepsilon}_r\dot{\mu}_r - \sin^2\theta} \tag{6.36}$$

さらに，(6.18) 式中の $\dot{R}$ は TE 波 ($\dot{R}_{TE}$) および TM 波 ($\dot{R}_{TM}$) について，それぞれ以下のように表すことができる．

$$\text{TE 波の場合:}\quad \dot{R}_{TE} = \frac{\dot{\mu}_r\sqrt{1-\sin^2\theta} - \sqrt{\dot{\varepsilon}_r\dot{\mu}_r - \sin^2\theta}}{\dot{\mu}_r\sqrt{1-\sin^2\theta} + \sqrt{\dot{\varepsilon}_r\dot{\mu}_r - \sin^2\theta}} \tag{6.37}$$

$$\text{TM 波の場合 :}\quad \dot{R}_{TM} = \frac{\sqrt{\dot{\varepsilon}_r\dot{\mu}_r - \sin^2\theta} - \dot{\varepsilon}_r\sqrt{1-\sin^2\theta}}{\sqrt{\dot{\varepsilon}_r\dot{\mu}_r - \sin^2\theta} + \dot{\varepsilon}_r\sqrt{1-\sin^2\theta}} \tag{6.38}$$

以上のように導出した反射係数を用いて，反射量はデシベル表示で次のようになる．

$$\text{反射量} = 20\log_{10}|\dot{\Gamma}| \tag{6.39}$$

(b) 金属板のない場合

金属板のない場合について，同様に反射係数および透過係数を導出する．この場合，(1) 領域 1 の進行波，(2) 領域 1 の反射波，(3) 領域 2 の進行波と反射波の取り扱いは前節と同様と仮定する．しかし，この場合には新たに領域 3 が存在するので，(4) 領域 3 の進行波を次のように考える．

$$V_t = V_2 e^{-\dot{\gamma}_{0n}z} \tag{6.40}$$

$$I_t = \frac{V_2}{Z_{0n}}e^{-\dot{\gamma}_{0n}z} \tag{6.41}$$

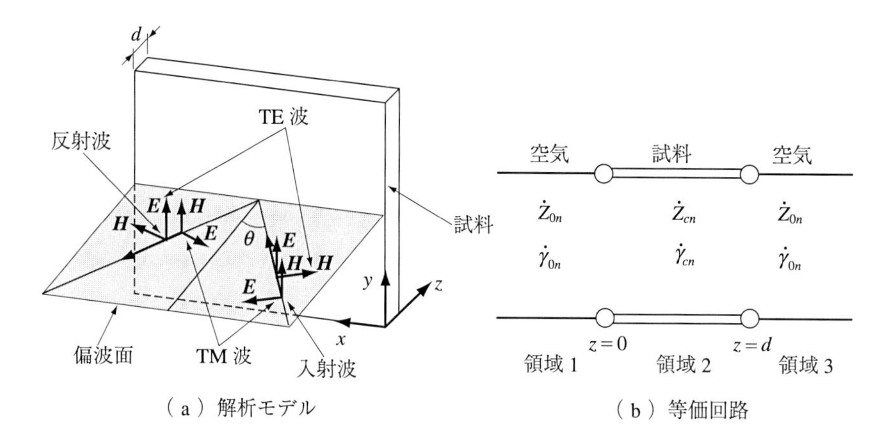

（a）解析モデル　　（b）等価回路

図 6.8　金属板のない場合

そして，これらに対してそれぞれの領域の境界面 $z=0$ および $z=d$ において境界条件を適用する．すなわち，境界条件から，

○空気と媒質との境界面 $(z=0)$ において

$$\text{電圧について:}\quad V_0+V_1=V_++V_- \tag{6.42}$$

$$\text{電流について:}\quad \frac{1}{Z_{0n}}(V_0-V_1)=\frac{1}{\dot{Z}_{cn}}(V_+-V_-) \tag{6.43}$$

○媒質と空気との境界面 $(z=d)$ において

$$\text{電圧について:}\quad V_+e^{-\dot{\gamma}_{cn}d}+V_-e^{+\dot{\gamma}_{cn}d}=V_2e^{-\dot{\gamma}_{0n}d} \tag{6.44}$$

$$\text{電流について:}\quad \frac{1}{\dot{Z}_{cn}}(V_+e^{-\dot{\gamma}_{cn}d}-V_-e^{+\dot{\gamma}_{cn}d})=\frac{V_2}{Z_{0n}}e^{-\dot{\gamma}_{0n}d} \tag{6.45}$$

となる．そこで，この (6.42)，(6.43)，(6.44)，(6.45) 式を用いて，V_0, V_1, V_2 を V_+ で表すと以下のようになる．

$$V_0=\frac{1}{2\left(1+\dfrac{Z_{0n}}{\dot{Z}_{cn}}\right)}\left\{\left(1+\frac{Z_{0n}}{\dot{Z}_{cn}}\right)^2-\left(1-\frac{Z_{0n}}{\dot{Z}_{cn}}\right)^2e^{-2\dot{\gamma}_{cn}d}\right\}V_+ \tag{6.46}$$

$$V_1=\frac{1}{2\left(1+\dfrac{Z_{0n}}{\dot{Z}_{cn}}\right)}\left\{\left(1+\frac{Z_{0n}}{\dot{Z}_{cn}}\right)\left(1-\frac{Z_{0n}}{\dot{Z}_{cn}}\right)\left(1-e^{-2\dot{\gamma}_{cn}d}\right)\right\}V_+ \tag{6.47}$$

$$V_2 = \frac{1}{2\left(1+\dfrac{Z_{0n}}{\dot{Z}_{cn}}\right)}\left\{\left(1+\frac{Z_{0n}}{\dot{Z}_{cn}}\right)^2-\left(1-\frac{Z_{0n}}{\dot{Z}_{cn}}\right)^2\right\}e^{(\dot{\gamma}_{0n}-\dot{\gamma}_{cn})d}V_+ \quad (6.48)$$

この結果を用いて，反射係数 $\dot{\Gamma}$ は，入射波と反射波の比で表されることから，(6.46)，(6.47) 式を用いて次のように表すことができる．

$$\dot{\Gamma} = \frac{V_1}{V_0} = \frac{\left(1+\dfrac{Z_{0n}}{\dot{Z}_{cn}}\right)\left(1-\dfrac{Z_{0n}}{\dot{Z}_{cn}}\right)(1-e^{-2\dot{\gamma}_{cn}d})}{\left(1+\dfrac{Z_{0n}}{\dot{Z}_{cn}}\right)^2-\left(1-\dfrac{Z_{0n}}{\dot{Z}_{cn}}\right)^2 e^{-2\dot{\gamma}_{cn}d}}$$

$$= \frac{\dfrac{\dot{Z}_{cn}-Z_{0n}}{\dot{Z}_{cn}+Z_{0n}}(1-e^{-2\dot{\gamma}_{cn}d})}{1-\left(\dfrac{\dot{Z}_{cn}-Z_{0n}}{\dot{Z}_{cn}+Z_{0n}}\right)^2 e^{-2\dot{\gamma}_{cn}d}} = \frac{\dot{R}(1-e^{-2\dot{\gamma}_{cn}d})}{1-\dot{R}^2e^{-2\dot{\gamma}_{cn}d}} \quad (6.49)$$

さらに，透過係数 $\dot{T}$ も，入射波と透過波の比で表されることから，(6.46)，(6.48) 式を用いて次のように表すことができる．

$$\dot{T} = \frac{V_2}{V_0} = \frac{\left\{\left(1+\dfrac{Z_{0n}}{\dot{Z}_{cn}}\right)^2-\left(1-\dfrac{Z_{0n}}{\dot{Z}_{cn}}\right)^2\right\}e^{(\dot{\gamma}_{0n}-\dot{\gamma}_{cn})d}}{\left(1+\dfrac{Z_{0n}}{\dot{Z}_{cn}}\right)^2-\left(1-\dfrac{Z_{0n}}{\dot{Z}_{cn}}\right)^2 e^{-2\dot{\gamma}_{cn}d}}$$

$$= \frac{\left\{1-\left(\dfrac{\dot{Z}_{cn}-Z_{0n}}{\dot{Z}_{cn}+Z_{0n}}\right)^2\right\}e^{(\dot{\gamma}_{0n}-\dot{\gamma}_{cn})d}}{1-\left(\dfrac{\dot{Z}_{cn}-Z_{0n}}{\dot{Z}_{cn}+Z_{0n}}\right)^2 e^{-2\dot{\gamma}_{cn}d}}$$

$$= \frac{(1-\dot{R}^2)e^{(\dot{\gamma}_{0n}-\dot{\gamma}_{cn})d}}{1-\dot{R}^2e^{-2\dot{\gamma}_{cn}d}} \quad (6.50)$$

ここで，式中の波動インピーダンス $(Z_{0n}, \dot{Z}_{cn})$，伝搬定数 $(\dot{\gamma}_{0n}, \dot{\gamma}_{cn})$，さらに，(6.49) 式および (6.50) 式中の $\dot{R}(\dot{R}_{TE}, \dot{R}_{TM})$ は TE 波および TM 波に対して先の金属板裏打ちの場合と同様となる．

以上のように導出した反射係数，透過係数を用いて，反射量および透過量はデシベル表示でそれぞれ次のように表される．

$$\text{反射量 (dB)} = 20\log_{10}|\dot{\Gamma}| \tag{6.51}$$

$$\text{透過量 (dB)} = 20\log_{10}|\dot{T}| \tag{6.52}$$

6.2.2 反射波の測定

(a) 測定の概要

自由空間法では，試料からの反射量や透過量の測定値から材料定数を逆推定する．そのため，当然のことながら，これらの測定が良好に行われなければ逆推定した材料定数にも大きな誤差が生じる．したがって，(a) 試料以外からの不要な反射波の低減 (例えば，電波吸収体を用いた床，壁，天井からの反射波の低減)，(b) 測定スパンの選択 (例えば，平面波による測定を行うため，試料およびアンテナ開口の大きさを検討する)，(c) 測定可能範囲の向上 (例えば，取り付け台からの反射波の低減，アンテナビーム幅の選択による向上) など，さまざまな測定条件を検討する必要がある．

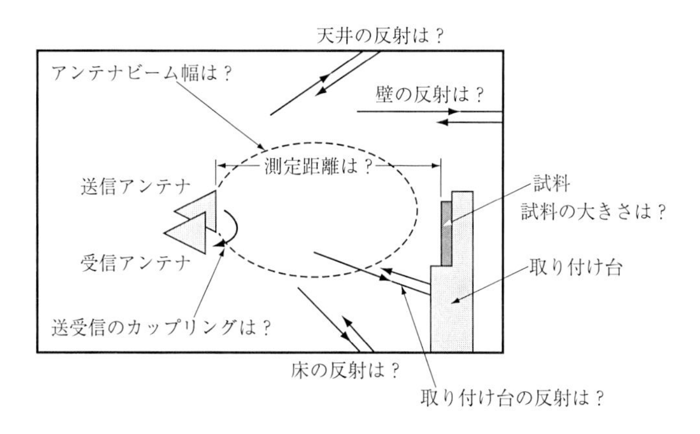

図 **6.9** 測定上の注意点

また，一例として反射量の測定法についてみると，さまざまな方法が検討されている．測定において，どの測定法を選択するかは自由であるが，次のような観点から検討するのも有効である．

1. 測定する周波数は?　(MHz帯，GHz帯，ミリ波帯の測定か?)
2. 測定する反射レベルは?　(−20dB, −30dB, −40dB, さらに −50dB 程度か?)
3. スカラー測定か?　ベクトル測定か?　(位相まで含めて測定するか?)
4. 電波暗室内で測定するか?　普通の部屋で測定するか?

などである．これらを分類の基準として，各測定法についてまとめた結果を表6.1 に示す．ただし，この表はあくまで目安であり，測定環境や使用機材で異なることに注意を要する．

表 6.1　各測定法の比較

測定法	周波数範囲	測定量	反射量 (dB)	文献
反射電力法	GHz帯，ミリ波帯	スカラー	−20〜−30	[1]
空間定在波法	MHz帯，GHz帯	スカラー	−40〜−50	[2]
電界ベクトル回転法	GHz帯	ベクトル	−30〜−40	[3]
タイムドメイン法	MHz帯，GHz帯，ミリ波帯	ベクトル	−30〜−50	[4]
ショートパルス法	GHz帯	スカラー	−30〜−50	[5]
レンジドップラーイメージング法	GHz帯	スカラー	−30〜−50	[6] [7] [8]

(b) 反射電力法

ここでは，もっとも簡単な測定法である反射電力法について説明する．反射電力法とは，測定しようとする平板試料に直接電波 (continuous wave：連続波) を照射し，これからの反射レベルを測定した後，これと同面積の金属板から反射レベルを同様に測定し，両者の差から反射量を求める方法である．図 6.10 はこの方法の構成図を示したものである．以下，この方法の特徴をまとめると次のようになる．

1. 構成が簡単で，簡易な測定法である．ただし，試料以外からの不要な散乱波の影響を受けやすいので，測定精度が必要な場合は，電波暗室内で測定する．
2. 垂直入射特性を測定する場合，送受信アンテナ間の直接波 (カップリング) のため，大きな測定可能範囲が得られない．一般には，金属板の反射レベルに対して −30〜−40dB 程度である．

3. アンテナの遠方条件を満たす範囲で測定距離を短くできるが，アンテナのビーム幅をカバーできる程度に大きな測定試料を必要とする．
4. ミリ波帯のように高い周波数では，容易に指向性の鋭いアンテナ (例えば，ホーンアンテナ) が得られるので，この測定法は極めて有効となる．

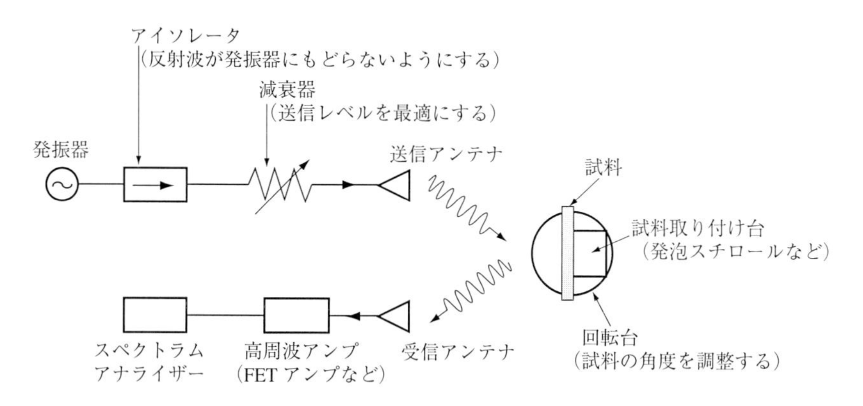

図 **6.10** 反射電力法

6.2.3 推定法

測定した反射量から $\dot{\varepsilon}_r$ を推定する方法の一例を具体的に示す．$\dot{\varepsilon}_r$ を推定するためには，先に示した (6.1) 式や (6.2) 式などを用いて計算した反射量の理論値と測定値の残差 2 乗和を最小にするようニュートン法により複素比誘電率を決定する．この場合，複素比誘電率の初期値の実部 (ε_1') と虚部 (ε_2') を与えた時，これが真の解に収束するための増加分 $\Delta\varepsilon_1$ と $\Delta\varepsilon_2$ は次のようにして求められる．すなわち，複素比誘電率の実部を ε_1 および虚部を ε_2 として，次のように残差 2 乗和 (F) が最小になるように f_1 と f_2 を定義すると，

$$f_1 = \frac{\partial F}{\partial \varepsilon_1} = 0, \quad f_2 = \frac{\partial F}{\partial \varepsilon_2} = 0 \tag{6.53}$$

ここで

$$F(\varepsilon_1, \varepsilon_2) = \sum_{i=1}^{N}(x_i - y_i)^2 \tag{6.54}$$

x_i: 測定された反射量，　y_i: 計算された反射量，　N : 測定データ数

となる．さらに，複素比誘電率の初期値は $\dot{\varepsilon}' = \varepsilon_1' - j\varepsilon_2'$ であるから，上式をテイラー展開すると，$\Delta\varepsilon_1$ と $\Delta\varepsilon_2$ は非常に小さいことを考慮して，

$$f_1(\varepsilon_1, \varepsilon_2) = f_1(\varepsilon_1', \varepsilon_2') + \frac{\partial f_1}{\partial \varepsilon_1}\Delta\varepsilon_1 + \frac{\partial f_1}{\partial \varepsilon_2}\Delta\varepsilon_2 \simeq 0 \tag{6.55}$$

$$f_2(\varepsilon_1, \varepsilon_2) = f_2(\varepsilon_1', \varepsilon_2') + \frac{\partial f_2}{\partial \varepsilon_1}\Delta\varepsilon_1 + \frac{\partial f_2}{\partial \varepsilon_2}\Delta\varepsilon_2 \simeq 0 \tag{6.56}$$

となる．これに，残差2乗和 F を代入して行列で表すと，最終的に推定値 ε_{10} (実部) と ε_{20} (虚部) が得られるための増減分 $\Delta\varepsilon_1$ と $\Delta\varepsilon_2$ は次の連立1次方程式を解くことにより求められる．その様子を ε_{10} について一次元的に示すと図6.11のようになる．

$$\begin{bmatrix} \dfrac{\partial^2 F}{\partial\varepsilon_1\partial\varepsilon_1} & \dfrac{\partial^2 F}{\partial\varepsilon_1\partial\varepsilon_2} \\ \dfrac{\partial^2 F}{\partial\varepsilon_2\partial\varepsilon_1} & \dfrac{\partial^2 F}{\partial\varepsilon_2\partial\varepsilon_2} \end{bmatrix} \begin{bmatrix} \Delta\varepsilon_1 \\ \Delta\varepsilon_2 \end{bmatrix} = \begin{bmatrix} -f_1(\varepsilon_1', \varepsilon_2') \\ -f_2(\varepsilon_1', \varepsilon_2') \end{bmatrix} \tag{6.57}$$

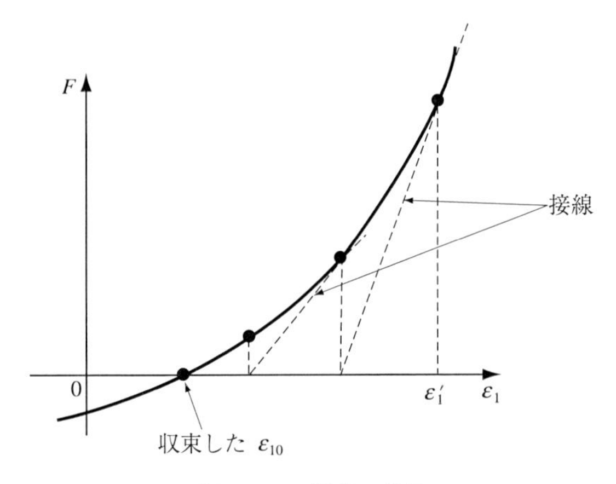

図 **6.11**　収束の様子

さらに，このようにして求めた複素比誘電率の ε_{10} と ε_{20} に対する誤差は次のようにして計算できる．

$$\varepsilon_{10}\text{の誤差} = \sqrt{\sum_{i=1}^{N} \left(\delta\varepsilon_1^{(i)}\right)^2} \tag{6.58}$$

$$\delta\varepsilon_1^{(i)} = \varepsilon_1(x_1, x_2, \cdots, x_i + \sigma, \cdots, x_N) - \varepsilon_{10} \tag{6.59}$$

$$\varepsilon_{20}\text{の誤差} = \sqrt{\sum_{i=1}^{N} \left(\delta\varepsilon_2^{(i)}\right)^2} \tag{6.60}$$

$$\delta\varepsilon_2^{(i)} = \varepsilon_2(x_1, x_2, \cdots, x_i + \sigma, \cdots, x_N) - \varepsilon_{20} \tag{6.61}$$

$\varepsilon_{10}, \varepsilon_{20}$: 推定値 (最確値)

σ : $\sqrt{S/(N-2)}$ (分散)

S : 推定値における残差 2 乗和

6.3 測定の実際

6.3.1 反射法

(a) 測定準備

この方法を用いて材料定数測定を行うために，まず，測定可能範囲の大きい測定系を実現する必要がある．測定可能範囲とは，その測定系でどの程度までの反射量を評価できるかの目安であり，試料が存在しない場合の反射レベル (試料取り付け台等からの反射レベル) と金属板からの反射レベルとの差で与えられる．ここでは，マイクロ波帯として 5GHz 帯に着目し，レベル向上に大きな要因となる試料の配置や送受信アンテナの配置の影響について検討してみる．

図 6.12 に，TE 波と TM 波について，(1) 測定系の周囲を電波吸収体で囲んだ状態で入射角度を 3，35，60 度とした場合，および (2) 周囲の電波吸収体を全て無くした状態で入射角度を 35 度とした場合について測定可能範囲の測定結果を示す．この結果より，送受信アンテナ間でのカップリングの影響で，TE 波の場合では 60 度，TM 波の場合では 3 度 (ほぼ垂直のとき) および 60 度にお

いて，その測定可能範囲は20～30dB程度と小さくなっている．また，周囲の電波吸収体が無い状態では，周囲からの不要な反射波により良好な測定可能範囲が得られておらず，20～25dB程度となっている．しかしながら，周囲に電波吸収体を配置し，カップリングの影響が少ない入射角度(ここでは35度程度まで)の測定においては，反射電力法でも30～45dB程度の測定可能範囲を得ることが可能なことがわかる．なお，図6.13および図6.14は，この実験における測定の様子を示している．

(b) 誘電率の測定

以上のように測定可能範囲の検討ができたので，ここでは自由空間反射法の測定例として誘電材料に着目し，(i) 5GHz帯において塗料タイプの電波吸収材料(母材：エポキシ樹脂，充填材：酸化チタン，炭素粒子)，および，(ii) 60GHz帯においてAC(アクリル)，ABS(アクリロニトリルブタジエンスチレン共重合物)の複素比誘電率測定について具体的に説明する．

測定手順としては，すでに説明したように，

1. 試料からの反射量を周波数，入射角度θおよび試料の厚みdを変化させて測定する．
2. 反射量の理論値と測定値の残差2乗和が最小になるように最小2乗法にニュートン法を適用して，複素比誘電率の実部と虚部を決定する．この具体的な方法については6.2.3項で示したとおりである．
3. 推定した複素比誘電率を用いて，再度，反射量の周波数特性や角度特性を計算し，計算値と測定値の一致度合を検討することにより，複素比誘電率が正しく推定されているかを確認する．また，このときの最小2乗法に起因する誤差の検討を付随して行う．

このような計算を行うための具体的な推定用プログラムを6.4節に示している．この測定法では，推定に用いる測定値の変化やデータ数が測定精度に大きく影響する．そのため，測定に際しては試料の数量や個々の試料の厚みを変化させ，多くのデータ数と大きな反射量の変化が得られるようにすることが重要である．

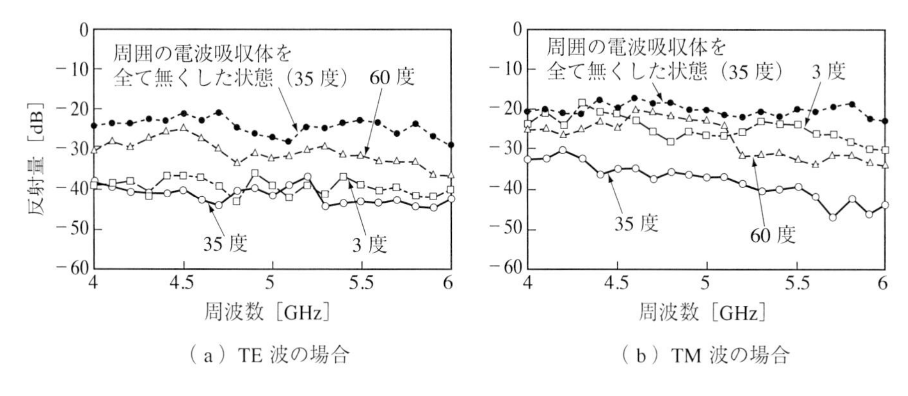

図 6.12　測定可能範囲の例 (5GHz 帯)

(a) 吸収体あり　　(b) 吸収体なし

図 6.13　測定の様子 (TM 波の場合)

図 6.14　取り付け台の様子

(i) 5GHz 帯について

図 6.15 に 5GHz 帯における反射量の測定の様子を示す．この測定系においては，金属板を裏打ちした測定試料に対し，入射角度 5 度の TE 波において周波数 4〜6GHz の範囲で 0.1GHz ごとに変化させたときの反射量の周波数特性を測定する．先に示したように，測定系の測定可能範囲は 40〜45dB 程度得られているので，40dB 程度までのデータは比較的誤差が少ないと考えられる．測定試料について表 6.2 に，この試料に対し反射量を測定した結果を表 6.3 に示す．

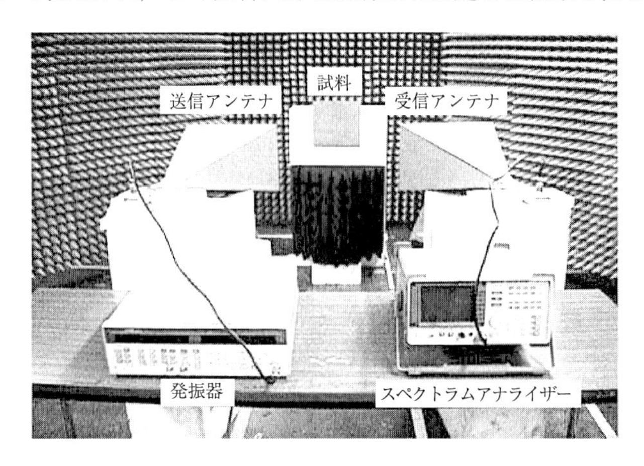

図 **6.15**　測定の様子 (5GHz 帯)

これらのデータに対して先の 6.2.3 項で示した推定法を用いて，複素比誘電率を推定した結果を表 6.4 に示す．また，参考として方形導波管法を用いて測定した 5GHz における複素比誘電率も示す．なお，括弧内の数値は，(6.58)〜(6.61) 式を用いて最小 2 乗法に起因する誤差を計算したものである．

さらに，図 6.16 は，推定した複素比誘電率を用いて計算した反射量の周波数特性である．ここで，横軸は周波数，縦軸は反射量，○印は反射量の測定結果を示しており，曲線は推定した複素比誘電率を用いて計算した反射量を表している．この結果，測定値と計算値は良好に一致しており，複素比誘電率が精度良く推定されていることが確認できる．

表 6.2　測定試料

枚数	1
厚さ [mm]	3.82
寸法 [mm]	300 × 300
データ数	21
裏打ち金属板	あり

表 6.3　測定結果

周波数 [GHz]	反射量 [dB]	周波数 [GHz]	反射量 [dB]
4.0	−5.7	5.1	−18.8
4.1	−6.5	5.2	−15.3
4.2	−7.8	5.3	−14.5
4.3	−9.3	5.4	−11.7
4.4	−11.2	5.5	−11.3
4.5	−13.3	5.6	−9.2
4.6	−15.7	5.7	−9.2
4.7	−19.5	5.8	−8.0
4.8	−26.2	5.9	−7.8
4.9	−40.7	6.0	−6.7
5.0	−22.7	—	—

表 6.4　測定結果

導波管法 (5GHz)	自由空間法
$17.1 - j5.14$	$16.51\,(\pm 0.03) - j5.12\,(\pm 0.03)$

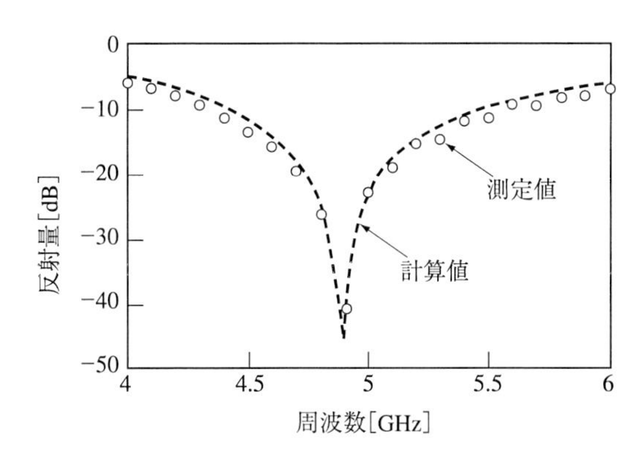

図 6.16　推定結果 (電波吸収材料の場合)

(ii) 60GHz 帯について

図 6.17 に 60GHz 帯における反射量の測定の様子を示す．この測定系は，GP-IB および 8 bit パラレル転送を，スペクトラムアナライザーとシンセサイザーおよびモーターコントローラーにそれぞれ使用することで，PC 制御による斜入射特性の自動計測を可能とするものである．このような測定系を用いて，一例として，周波数 60GHz において TM 波を入射角度 15〜65 度の範囲で変化させたときの反射量の角度特性を測定する．測定試料について表 6.5 に示す．この表に示すように，この試料は金属板で裏打ちされていない AC (アクリル) および ABS (アクリロニトリルブタジエンスチレン共重合物) であり，AC においては 33 点，ABS においては 38 点の反射量を測定した．表 6.6 および表 6.7 に測定結果を示すとともに，この測定結果から，最小 2 乗法を用いて推定した複素比誘電率を表 6.8 に示す．この表には比較のために，摂動法や方形導波管法を用いて測定した 1GHz および 10GHz における複素比誘電率も示している．なお，括弧内の数値は，(6.58)〜(6.61) 式を用いて最小 2 乗法に起因する誤差を計算したものである．この結果，AC および ABS の両測定結果は良好に一致していることがわかる．

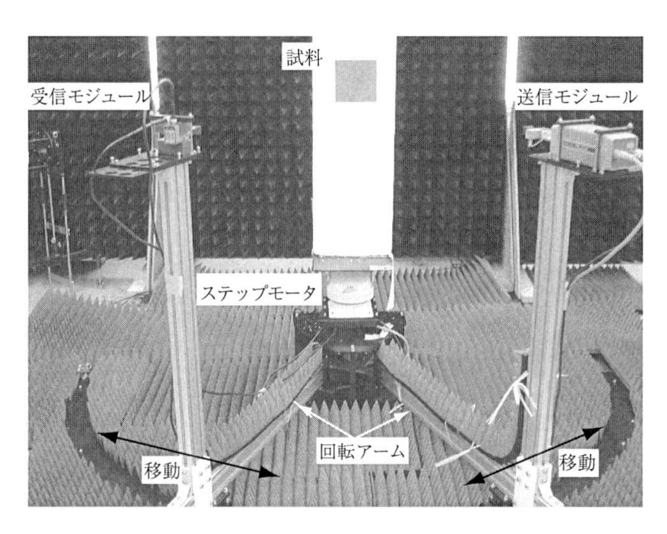

図 **6.17**　測定の様子 (60GHz 帯)

表 **6.5** 測定試料

試料	AC	ABS
枚数	3	3
厚さ [mm]	1.11 , 3.03 , 5.03	1.09 , 3.22 , 5.03
寸法 [mm]	300 × 300	300 × 300
データ数	33	38
裏打ち金属板	なし	なし

表 **6.6** 測定結果 (AC の場合)

角度 [度]	反射量 [dB]		
	1.11 mm	3.03 mm	5.03 mm
15	−9.5	−17.4	−12.5
20	−9.0	−15.5	−13.0
25	−9.8	−15.2	−16.2
30	−9.6	−14.5	−22.3
35	−10.8	−14.2	−30.9
40	−11.1	−14.3	−27.2
45	−14.8	−15.2	−21.8
50	−17.2	−19.0	−20.2
55	−24.0	−25.1	−25.0
60	−30.3	−28.5	−29.2
65	−17.0	−15.8	−15.0

表 **6.7** 測定結果 (ABS の場合)

角度 [度]	反射量 [dB]		
	1.09 mm	3.22 mm	5.03 mm
15	−8.5	−20.0	−10.5
20	−8.0	−20.5	−10.3
25	−9.2	−27.3	−13.8
30	−9.0	−35.3	−15.5
35	−9.6	−27.2	−21.4
40	−12.3	−24.1	−37.0
45	−12.9	−22.7	−27.9
50	−16.7	−22.6	−24.0
55	−22.3	−27.4	−25.7
57.5	−31.0	−37.7	−34.8
60	−26.0	測定不可	−31.0
62.5	−20.0	−19.2	−24.1
65	−17.2	−20.0	−15.8

表 **6.8** 複素比誘電率の測定結果

試料	AC	ABS
1GHz	$2.69 - j0.02$ (共振器法)	$2.72 - j0.02$ (共振器法)
10GHz	$2.68 - j0.03$ (導波管法)	$2.69 - j0.02$ (導波管法)
60GHz	$2.568(\pm 0.008) - j0.033(\pm 0.006)$	$2.647(\pm 0.005) - j0.025(\pm 0.005)$

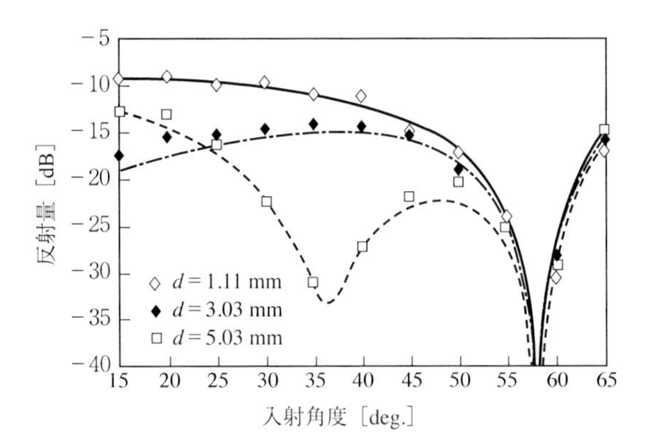

図 **6.18**　AC の場合

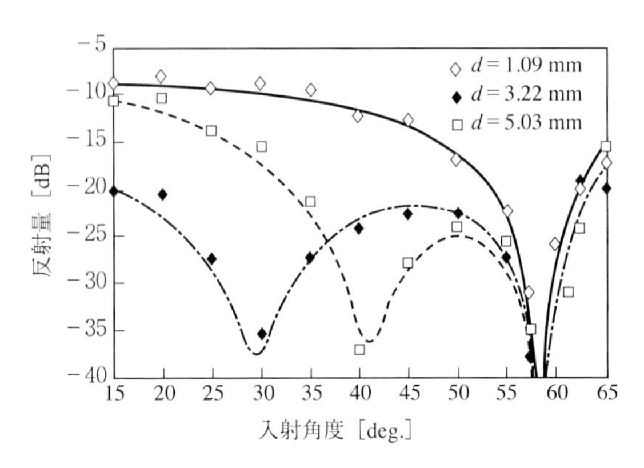

図 **6.19**　ABS の場合

図 6.18 および図 6.19 に，以上のように推定した複素比誘電率を用いて計算した反射量の角度特性を示す．ここで，横軸は入射角度，縦軸は反射量であり，◇，◆および□印は，それぞれの厚さにおける反射量の測定結果を，各曲線は推定した複素比誘電率を用いて計算したそれぞれの厚さにおける反射量 (計算値) を表している．この結果，測定値と計算値は良好に一致しており，このことから，本測定法による複素比誘電率が正確になされていることを確認できる．なお，これらのデータではある入射角度で極めて反射量が小さくなる特性を有している．反射量が小さい (吸収量が大きい) 場合，測定値には材料内部の $\dot{\varepsilon}_r$ の情報が多く含まれていると考えられるため，測定の際にはこのように大きな反

射量の変化を示すデータが得られるように，厚みの異なる複数枚の試料を用意することが推定精度の向上につながる．

6.3.2 透過法

(a) 測定準備

図 6.20，6.21 および 6.22 に，試料の固定法，測定系の一例としてのブロック図および測定の様子を示す．この図に示すように，この測定では，ベクトルネットワークアナライザー (VNA) で発信した電波を送信アンテナから送信し，測定試料を透過させ，その透過波を受信アンテナで受信し，VNA で透過波の透過量と位相差を測定する．すなわち，この測定系を用いて，試料挿入前における透過波の透過量と位相を測定し，それを基準とするために VNA で校正をとり，その後，試料を挿入して透過波の透過量と位相差を測定する．

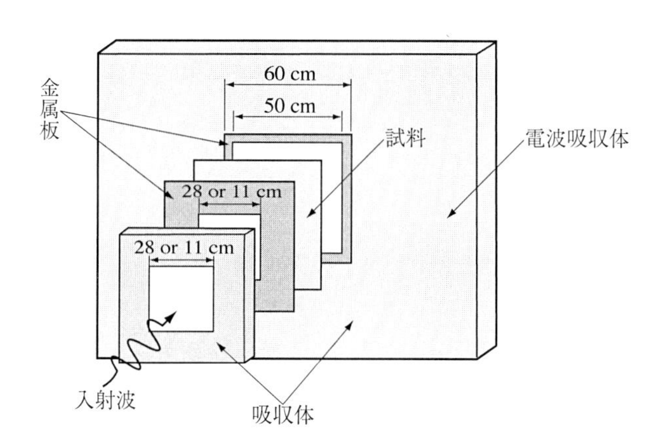

図 6.20 試料の固定法

このような測定法により $\dot{\varepsilon}_r$ の測定を壁面からの反射の影響を少なくするため電波暗室内で行ってみる．測定では図 6.20 に示すように，試料の支持台には 60cm 角の試料挿入口を設け，その挿入口に試料をはめ込み固定する．そして，試料挿入口の周囲には電波吸収体 (例えば，型名: VHP-8，E&C 製) と電波吸収体に対する裏打ち金属板を装着し，試料以外からの透過波と反射波が生じないようにする．また，この測定の場合，使用するホーンアンテナの半値ビーム幅が重要となるが，ここではホーンアンテナの使用範囲を 4〜6GHz とし，半値ビーム幅は 5GHz において E 面 10.5° および H 面 12.0° のものを使用する．

以上の測定系により測定した透過量と位相差の測定値に対して，任意の $\dot{\varepsilon}_r$ を初期値として与えて計算した透過量と位相の残差の 2 乗が最小となるように，ニュートン法を適用して $\dot{\varepsilon}_r$ を測定する．なお，この推定には先に説明した同軸管透過法のプログラム (3.4 節) を使用する．

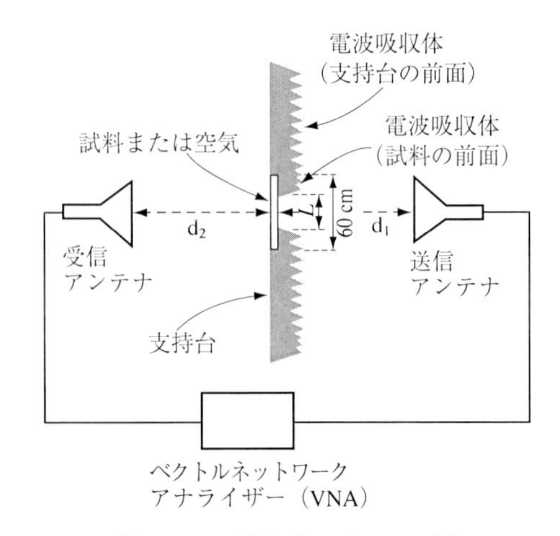

図 **6.21**　測定系のブロック図

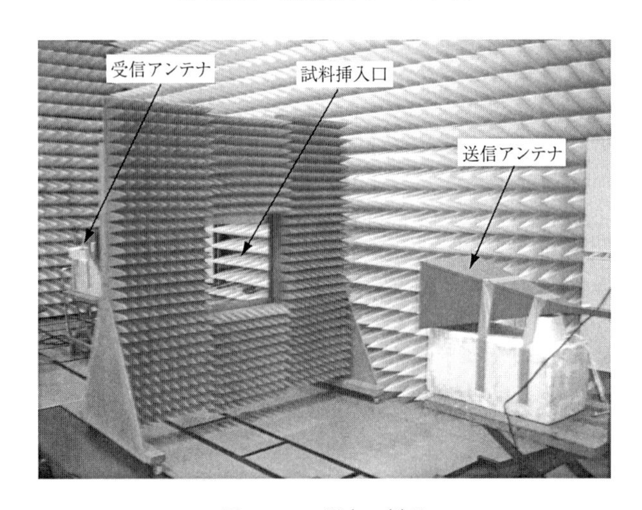

図 **6.22**　測定の様子

(b) 誘電率の測定

以上に述べた自由空間透過法により，複素比誘電率の測定を行う．先に述べた導波管内における透過測定と異なり，自由空間を伝搬する電磁波を取り扱うため，アンテナから試料までの距離と試料の大きさが問題となる．ここでは，低損失材料であるアクリルと，建材としての石膏ボードの複素比誘電率の測定例を説明する．

(i) アクリルの場合

複素比誘電率 ($\dot{\varepsilon}_r$) が $2.69 - j0.02$ (摂動法による測定値，第 5 章参照) であるアクリルを用いて $\dot{\varepsilon}_r$ の測定を行う．そして，この測定結果と摂動法の測定値を比較することにより，この測定法の精度等について基礎的検討を行ってみる．測定周波数はホーンアンテナの測定範囲である 4〜6GHz とし，大きさ 60×60 cm の試料を用い，表 6.9 に示すように厚みが測定結果に与える影響を検討するため，2 種類の厚みを選択する．

表 6.9 アクリルの厚み

試料	厚み [mm]
No.1	4.88
No.2	7.12

そして，アンテナと試料間の距離 (図 6.21 中，d_1 および d_2) を変化させることで，試料に対する入射波と透過波の状態の違いによる測定結果への影響を調べる．具体的には，送信アンテナと試料間の距離 (d_1) を 1.5〜3.0m の間で 0.5m おきに，また，試料と受信アンテナ間の距離 (d_2) を 1.5m と 2.0m に変化させる．さらに，試料の大きさが測定結果に与える影響を検討するために，試料の開口長 L を裏打ち金属板および電波吸収体を用いて試料前面を覆うことにより，11×11，28×28，および 50×50cm と変化させる．

図 6.23 および図 6.24 は試料 1 ($L = 50$cm，$d_2 = 2.0$m) における透過量と位相差の実際の測定結果を示している．この測定値より，平面波が透過する時

に，透過波に対してエッジ等の影響が加わり位相干渉が生じて，わずかながら透過量と位相が変動している様子が見られている．そこで，$\dot{\varepsilon}_r$ を推定する場合には，これらの測定値にスムージング処理を施した後，ニュートン法を適用し，各周波数における $\dot{\varepsilon}_r$ を推定する．

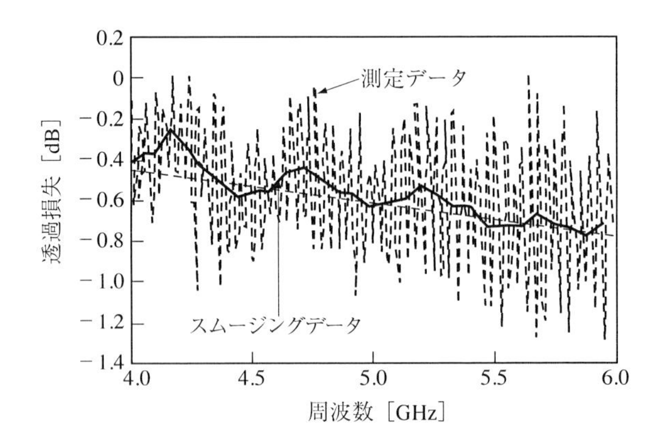

図 **6.23**　透過量の実験データ

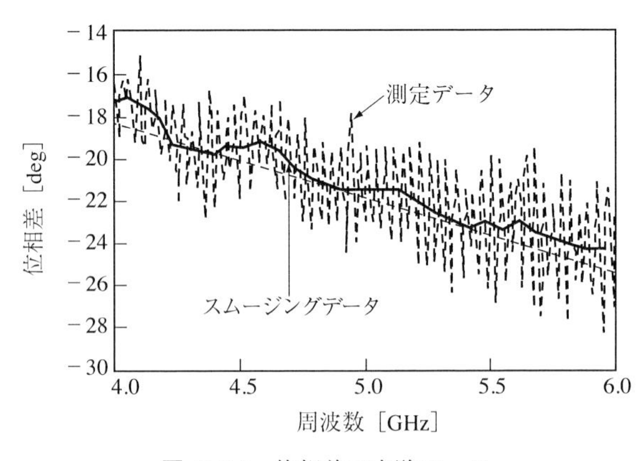

図 **6.24**　位相差の実験データ

このようにして推定したアクリルに対して d_2 を 2.0m とし，それぞれの L において d_1 を変化させた時の複素比誘電率の測定結果を図 6.25 および図 6.26 に示す．この図において，横軸は L，縦軸は複素比誘電率を示している．また，表 6.10 に実部 (ε_r') と虚部 (ε_r'') に対して，それぞれの L における 4 点 (d_1 の変化に対する測定値) の平均値と標準偏差を示す．

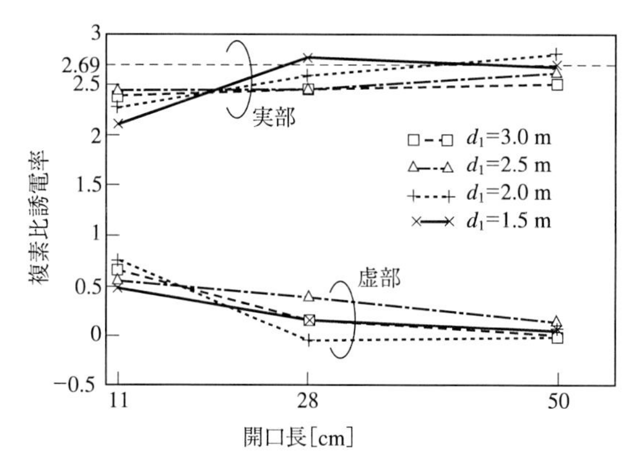

図 6.25　開口長 L と d_1 の変化に対する測定結果 (アクリル No.1)

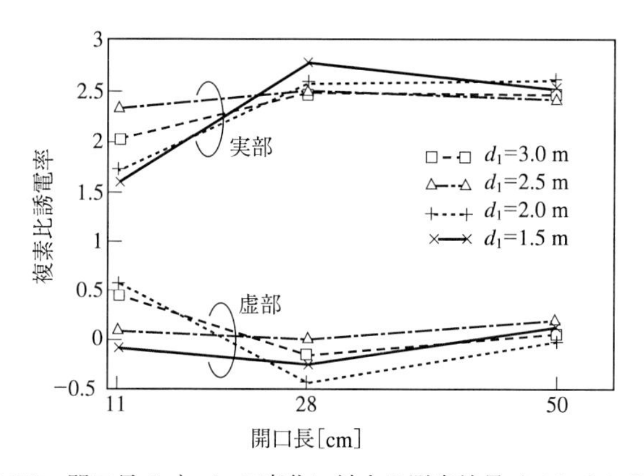

図 6.26　開口長 L と d_1 の変化に対する測定結果 (アクリル No.2)

この結果，図 6.25 を見ると， L が 11cm (約 2λ) と小さい場合，d_1 の変化に関わらず測定値は摂動法による測定値 ($\dot{\varepsilon}_r = 2.69 - j0.01$) と一致せず，$d_1$ の変化に対する測定値のバラツキも大きいことがわかる．しかし，50cm (約 9λ) と大きくなると，d_1 の変化に関わらず測定値はある値に収束し，その値は摂動法の結果に近づいている．このことより，この測定法を用いてアクリルの誘電率測定を行う場合，その測定精度は試料の開口長に大きく影響を受け，この場合，L が実部測定では 28cm(約 5λ)，虚部測定では 50cm(約 9λ) 以上必要であ

表 6.10　開口長 L と d_1 の変化に対する測定結果 (d_2=2.0m)

	試料 1		試料 2	
L [cm]	ε_r'	ε_r''	ε_r'	ε_r''
11	2.27 ± 0.11	0.60 ± 0.10	1.92 ± 0.29	0.27 ± 0.27
28	2.56 ± 0.13	0.16 ± 0.16	2.58 ± 0.12	-0.20 ± 0.16
50	2.65 ± 0.11	0.03 ± 0.02	2.51 ± 0.06	0.10 ± 0.08

表 6.11　d_2 の変化に対する測定結果 (d_1=3.0m,L=50cm)

d_2[m]	試料 1	試料 2
1.5	$2.79 - j0.13$	$2.68 - j0.16$
2.0	$2.75 - j0.20$	$2.61 - j0.23$

ることが実験的にわかる．

次に，厚みの異なる測定結果の図 6.26 に着目すると，図 6.25 の測定結果に対する変化傾向と大きな相違はなく，アクリル程度の $\dot{\varepsilon}_r$ の大きさでは，この程度の厚みの変化に対してその測定精度に大きな変化をおよぼさないこともうかがえる．この理由は，試料挿入前後の位相の変化を簡単のため $\dot{\varepsilon}_r$を 2.69 として計算してみると，厚み 4.88mm および 7.12mm に対して，それぞれ $-19.5°$ および $-28.4°$ 程度となり，これらが比較的小さい値であるためとわかる．そして，さらに測定精度を向上させるためには，試料の誘電率をおおよそ推定し，測定前に位相の変化が大きくなるように，試料の厚みを選択することも重要なことがわかる．

表 6.10 はこの実験の結果をまとめて示しているが，L が 50cm における試料 No.1 および No.2 の結果と摂動法の結果 ($\dot{\varepsilon}_r = 2.69 - j0.02$) と比較すると，実部でその差は 0.04〜0.18 程度，虚部で 0.01〜0.08 程度である．さらに，L と d_1 を十分大きく 50cm と 3.0m と選択し，d_2 を変化させた時の測定結果を表 6.11 に示す．この結果より，d_2 が 1.5 および 2.0m において測定結果にほとんど差がなく，摂動法の結果と良好に一致していることがわかる．この理由は L および d_1 とも十分大きいことから，その透過波は d_2 の変化に関わらず平面波

として透過しているためと考えられる．

このような検討より，ここでの測定系においては L が実部測定においては 28cm(約 5λ)，虚部測定においては 50cm(9λ) 以上で，d_1 が 3.0m 程度と，試料の大きさおよび送信アンテナと試料間の距離を選択することにより，精度の良い測定が可能と予想できる．

(ii) 石膏ボードの場合

このような実験的な検討の内容を踏まえて，無線 LAN 等で建材としてその複素比誘電率が重要な石膏ボードの測定を行ってみる．石膏ボードには表 6.12 に示すように厚みの異なる 2 枚のものを用意する．これらの石膏ボードは製作工程が同じであるため，正しい測定が行われるとそれぞれの測定結果は等しい複素比誘電率となる．

表 6.12　石膏ボードの厚み

試料	厚み [mm]
No.1	12.66
No.2	9.42

図 6.27 および図 6.28 にアクリルの場合と同様に開口長 L の変化に対する測定結果を示す．また，表 6.13 は，d_2 を 2.0m と固定した時のそれぞれの L における 4 点 (d_1 の変化に対する測定値) の平均値と標準偏差の値を示している．

表 6.13　開口長 L と d_1 の変化に対する測定結果 (d_2=2.0m)

	試料 1		試料 2	
L [cm]	ε_r'	ε_r''	ε_r'	ε_r''
11	2.19 ± 0.18	0.04 ± 0.15	2.09 ± 0.17	0.12 ± 0.14
28	2.31 ± 0.05	0.06 ± 0.05	2.30 ± 0.08	0.01 ± 0.07
50	2.29 ± 0.05	0.05 ± 0.05	2.35 ± 0.09	0.04 ± 0.05

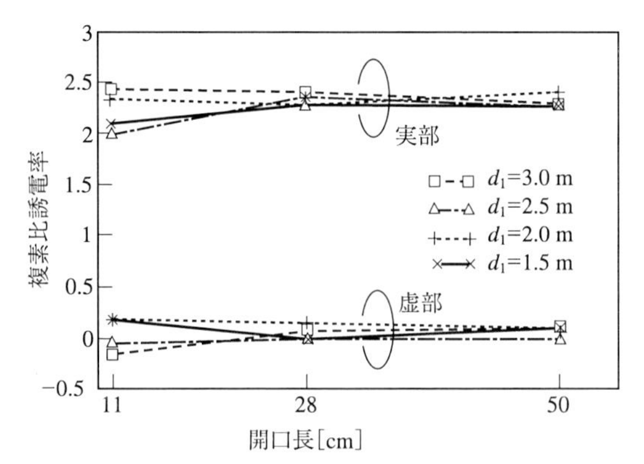

図 **6.27**　開口長 L と d_1 の変化に対する測定結果 (試料 1)

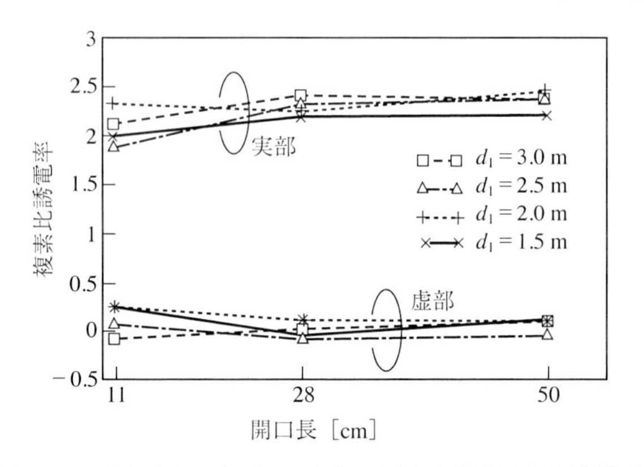

図 **6.28**　開口長 L と d_1 の変化に対する測定結果 (試料 2)

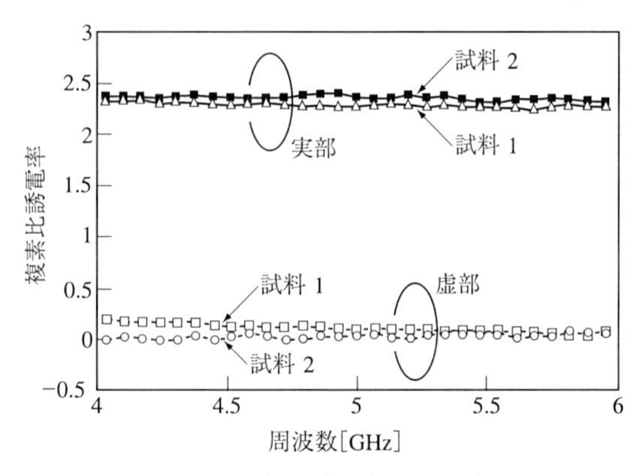

図 **6.29**　複素比誘電率の周波数特性

この結果，アクリルの場合と同様に，$\dot{\varepsilon}_r$ は試料の厚みに依存せず，L が大きくなるにつれて一定値に収束している様子がわかる．そして，その値は表 6.13 に示すように L が 28cm(約 5λ) の時に着目すると，試料 No.1 と No.2 の平均値として $2.31 - j0.04$ と，L が 50cm(約 9λ) の時に着目すると，同様に $2.32 - j0.05$ と測定される．この値は，水分含有量によっても異なるが，一般的に石膏ボードで言われている複素比誘電率 $\dot{\varepsilon}_r = (2.0〜3.1) - j(0.01〜0.1)$ と一致している．また，表 6.13 で示した $\dot{\varepsilon}_r$ 虚部の標準偏差が比較的大きいが，この要因の 1 つとして，測定に使用した VNA による振幅，位相測定の誤差が挙げられる．この誤差は，本測定で用いた石膏ボードにおいては $\dot{\varepsilon}_r$ の実部および虚部の測定結果にそれぞれ 0.05〜0.09 および 0.03〜0.06 程度の差異として生じ，この値が表 6.13 に示した複数回の測定により生じた標準偏差と同程度の値であることから，これらの測定のバラツキの生じる要因が VNA の振幅，位相測定の誤差によるものと考えられることが予想できる．

なお，表 6.11 に示したように，測定に用いた石膏ボードの厚みには 1.0〜1.5% ほどのバラツキがある．しかし，これらのバラツキが $\dot{\varepsilon}_r$ の推定に与える誤差は，伝送線理論を用いた計算により，実部および虚部ともに 0.01〜0.04 程度と非常に小さいこともわかる．

以上のように，測定周波数を 5.2GHz と固定した測定結果について示したが，この測定法では送受信に使用するホーンアンテナの使用可能範囲において，複素比誘電率の周波数特性を測定することが可能である．そこで，今までの検討結果から，d_1 を 3.0m，d_2 を 2.0m，さらに L を 50×50cm として周波数 4〜6GHz において測定した結果を図 6.29 に示す．この結果，試料 1 および試料 2 とも $\dot{\varepsilon}_r$ は周波数の変化に対して，わずかながら小さくなる傾向を示すことがわかる．また，各周波数の測定値を直線で近似すると，周波数 4〜6GHz のおいて，実部が 2.32〜2.36 から 2.27〜2.31，虚部が 0.00〜0.20 から 0.06〜0.07 と測定できている．

6.4 測定用プログラム

自由空間において反射量より $\dot{\varepsilon}_r$ を推定するプログラムを示す．このプログラムはFORTRAN77で書かれており，試料に金属板が裏打ちされている場合について示したものである．

```
ccccccccccccccccccccccccccccccccccccccccccccccccccccccccc
ccc       自由空間反射法による複素比誘電率推定プログラム
ccc                    (金属板裏打ちの場合)
ccccccccccccccccccccccccccccccccccccccccccccccccccccccccc
c
      implicit real*8 (a-h,o-z)
      parameter (l=21)
      parameter (m=50)
      dimension freq(l),dB(l)
      character*20  filnam,datnam
      common /mode/ item
      common /seq/ n,a(m,m+1),x(m)
      data n/ 2 /
c
      data ang/ 5.0d0 /          ! 入射角度 [deg.]
      data d3/ 3.82d0 /          ! 試料厚み [mm]
c
c
      write(6,5000)
 5000 format(' input Output-file Name                     : ',$)
      read(*,*) filnam           ! 出力ファイル名入力
      write(6,5050)
 5050 format(' input Data-file Name                       : ',$)
      read(*,*) datnam           ! 読み込みファイル名入力
      write(6,5100)
 5100 format(' Propag. Mode (1:TE 2:TM)                   : ',$)
      read(*,*) item             ! 偏波入力
      write(6,5130)
 5130 format(' first eRe & eIm                            : ',$)
      read(*,*) ere,eim          ! 複素比誘電率の初期値入力
c
      open(unit=14,file=filnam)
c
      write(6,5150)  item
      write(14,5150) item
 5150 format('## Mode (1:TE  2:TM)',i2,)
      write(6,5200)
      write(14,5200)
 5200 format('##   eRe      eIm       deRe       deIm    ')
```

```
c
      open(unit=10,file=datnam,status='old')
      do 4000 i=1,l
         read(10,*,end=9000) freq(i),dB(i)
 4000 continue
      close(unit=10,status='keep')
c
      ere3 = ere
      eim3 = eim
      del1 = 1.0d-4
      del2 = 1.0d-5
c
      do 2000 ii=1,200
         ere = ere3
         eim = eim3
c
         call error(ere     ,eim     ,l,dB,freq,ang,d3,f00)
         call error(ere+del1,eim     ,l,dB,freq,ang,d3,fp0)
         call error(ere     ,eim+del2,l,dB,freq,ang,d3,f0p)
         call error(ere+del1,eim+del2,l,dB,freq,ang,d3,fpp)
         call error(ere-del1,eim     ,l,dB,freq,ang,d3,fm0)
         call error(ere     ,eim-del2,l,dB,freq,ang,d3,f0m)
         call error(ere-del1,eim-del2,l,dB,freq,ang,d3,fmm)
c
cccccccccccccccccccccccccccccccccccccccccccccccccccccccccccccc
c        f: funcion                                          c
c        *: if 0,it means ere or eim don't include del.      c
c        *: if p,it means ere or eim include 'plus del'.     c
c        *: if m,it means ere or eim include 'minus del'.    c
c        ex. fp0 --> F(ere+del1,eim, ...)                    c
c                                                            c
c                                                            c
c          +-                -+ +-    -+    +-       -+      c
c          | a(1,1)  a(1,2) | | x(1)|    | a(1,3) |         c
c          |                 | |     | = |         |         c
c          | a(2,1)  a(2,2) | | x(2)|    | a(2,3) |         c
c          +-                -+ +-    -+    +-       -+      c
c                                                            c
cccccccccccccccccccccccccccccccccccccccccccccccccccccccccccccc
c
         a(1,1) = (fp0 - f00 - f00 + fm0) / del1 / del1
         a(1,2) = (fpp - fp0 - f0p + f00) / del1 / del2
         a(2,1) = (fpp - fp0 - f0p + f00) / del1 / del2
         a(2,2) = (f0p - f00 - f00 + f0m) / del2 / del2
         a(1,3) = -(fp0 - f00) / del1
         a(2,3) = -(f0p - f00) / del2
```

```
c
         call simeq(*9999)
         ere3 = ere + x(1)
         eim3 = eim + x(2)
c
         write(6,6000)  ere3,eim3,x(1),x(2),f00
         write(14,6000) ere3,eim3,x(1),x(2),f00
 6000    format(2f9.4,2f11.6,f15.6)
 2000 continue
c
      close(unit=14)
 9000 stop
 9999 write(6,*) ' Sorry, Matrix is singular...'
      end
c
c
ccccccccccccccccccccccccccccccccccccccccccccccccccccccccccccc
      subroutine error(ere,eim,l,dB,freq,ang,d3,sum)
ccccccccccccccccccccccccccccccccccccccccccccccccccccccccccccc
c
      implicit   real*8(a-h,o-z)
      dimension  freq(l),dB(l)
      real*8     lambd
      complex*16 ee3,rr1,ci,sintha,sinthb,sinthc
      complex*16 delta,eexxpp,rs,rp
      common /mode/ item
c
      data pai/  3.14159265358979323d0 /
c
      ci = (0.0d0,1.0d0)        ! imaginary unit
      ee3 = ere*(1.0,0.0) - eim*(0.0,1.0) ! Er = n**2
c
      sum =.0d0
      do 3000 j=1,l
         lambd = 2.99792458d8 / (freq(j)*1.0d9) ! wave length [m]
         theta = ang * pai/180.0 ! [deg.] --> [rad.]
         d3m = d3 * 1.0d-3      ! [mmeter] --> [meter]!!!
c
         sintha = dsqrt(1. - (dsin(theta))**2.)
         sinthb = cdsqrt(ee3 - (dsin(theta))**2.)
         sinthc = ee3 * sintha
c
         delta = (2. * pai * d3m * sinthb) / lambd
         eexxpp = cdexp((-1.) * ci * 2. * delta) ! exp(-j2delta)
c
         if (item .eq.1) then   ! case of TE-Wave
```

```
            rs = (sintha - sinthb)/(sintha + sinthb)
            rr1 = (rs - eexxpp)/(1 - (rs * eexxpp ))
         else if (item .eq.2) then ! case of TM-Wave
            rp = (sinthb - sinthc)/(sinthb + sinthc)
            rr1 = ( rp - eexxpp)/(1 - (rp * eexxpp))
         end if
c
         rr2 = 20.0d0 * dlog10(cdabs(rr1))
         rr3 = dabs(rr2 - dB(j))
         sum = sum + rr3**2.0

c
 3000 continue
      return
      end
c
cccccccccccccccccccccccccccccccccccccccccccccccccccccccccccccc
      subroutine simeq(*)
cccccccccccccccccccccccccccccccccccccccccccccccccccccccccccccc
c
      implicit real*8(a-h,o-z)
      integer m,n
      parameter (m=50,eps=1.0e-22)
      common /seq/ n,a(m,m+1),x(m)
      do 50 k=1,n-1
         max = k
         do 10 i=k+1,n
            if (abs(a(i,k)) .gt. abs(a(max,k))) max = i
 10      continue
         if (abs(a(max,k)).lt.eps) return 1
         if (max.ne.k) then
            do 20 j=k,n+1
               t = a(k,j)
               a(k,j) = a(max,j)
               a(max,j) = t
 20         continue
         end if
         do 40 i=k+1,n
            t = a(i,k) / a(k,k)
            do 30 j=k+1,n+1
               a(i,j) = a(i,j) - t*a(k,j)
 30         continue
 40      continue
 50   continue
      do 70 k=n,1,-1
         a(k,n+1) = a(k,n+1) / a(k,k)
```

```
      do 60 i=k-1,1,-1
         a(i,n+1) = a(i,n+1) - a(k,n+1)*a(i,k)
60      continue
70    continue
      do 80 i=1,n
         x(i) = a(i,n+1)
80    continue
      end
```

参考文献

[1] 橋本 修, 溝上 収: “60GHz 帯における電波吸収体特性の測定について”, 信学論, Vol. J72-B-II, No.9, pp.494-498 (1984).

[2] 小野 光弘: “斜入射空間定在波直接測定法”, 信学技報, EMCJ 77-17, pp.35-42 (1977).

[3] 橋本 修: “電波吸収体のはなし”, pp.100-101, 日刊工業新聞社 (2001).

[4] 森孝 幸: “タイム・ドメイン機能による電波吸収体の反射減衰量の測定”, 信学論, Vol.J73-B-II, pp.124-126 (1990).

[5] 橋本 修, 松本 吉紀: “室内におけるショートパルス法を用いた物体からの反射特性の測定”, 信学論, Vol.J75-B-II, No.6, pp.407-411 (1992).

[6] 橋本 修, 溝上 収, 神力 正宣: “レンジドップラーイメージングに基づくレーダ反射断面積の測定に関する一検討”, 信学論, Vol.J72-B-II, pp.505-508 (1990).

[7] 橋本 修, 溝上 収: “高速で回転しているヘリコプタのロータブレードの反射断面積について”, 信学論, B-II, Vol.J73-B-II, No.8, pp.413-420 (1990).

[8] 橋本 修, 溝上 収, 神力 正宣: “レンジドップラーイメージングに基づくレーダ反射断面積の測定に関する一検討”, 信学論, Vol.J72-B-II, pp.505-508 (1990).

[9] R.Von Hoppel : “Dielectric materials and applications”, The M.I.T Press (1966).

[10] 水島 三一朗, 八角 正士, 糠澤 健次: “自由空間法に依る誘電率及び損失係数の決定に就いて”, 電学誌, Vol.64, No.67 pp.284-285 (1944).

[11] 清水 康敬, 杉浦 行: “電磁妨害波の基本と対策”, コロナ社, pp.101-118 (1995).

[12] 橋本 修, 阿部 琢美: “FDTD 法による方形導波管定在波法を用いた複素誘電率測定における試料変形に起因する誤差検討”, 電学論, Vol.117-A, No.5, pp.456-459 (1997).

[13] 柴田 幸司, 橋本 修: “摂動法を用いた TM_{010} モード円筒空洞共振器による複素誘電率測定に関する誤差検討”, 電学論 (A), Vol.122, No.6, pp.563-568 (2002).

[14] 橋本 修, 東 寿志, 織壁 健太郎, 石坂 宏幸：“60GHz 帯におけるレーダードーム用材料の複素比誘電率測定”, 信学論 (B), Vol.J80-B, No.10, pp.906-911 (1997).

[15] 大塚 健二郎, 橋本 修, 石田 貴久: “94GHz 帯における自由空間法を用いた低損失誘電率材料の複素比誘電率測定”, 信学論 (B), Vol.J82-B, No.8, pp.1602-1604, (1999).

[16] 鈴木 秀俊, 田中 隆, 橋本 修：“反射特性における低損失誘電体試料の寸法に関する影響”, 電学論 (A), Vol.119-A, No.8/9, pp.1164-1165 (1999).

[17] 遠藤 哲夫, 花澤 理宏, 長谷川 清光, 戸上 郁英, 橋本 修: “C 帯における石膏ボード型電波吸収体に関する検討”, 信学技報, EMCJ2002-33, pp.19-24 (2002).

[18] Carol,G.Montogomery: “Technique of Microwave Measurements,” McGraw-Hill Book Company, pp.593-599 (1947).

[19] 佐藤 勝善, 真鍋 武嗣, 井原 俊夫, 笠島 善憲, 山本 克則: “ミリ波帯における建材の反射特性と屈折率の測定”, 信学技報, AP95-47, pp.1-8 (1995).

[20] D.K.Ghodgaonkar, V.V.Varadan and V.K.Varadan: “A Free-Space Method for Measurement of Dielectric Constant and Loss Tranget at Microwave Frequencies”, IEEE Trans. Instrumentation on Measurement, Vol.37, No.3, pp.789-793 (1989).

[21] D.K. Ghodgaonkar, V.V.Varadan and V.K.Varadan : “Free-Space Measurement of Complex Permittivity and Complex Permiability of Magnetic Materials at Mircowave Frequency”, IEEE Trans. Instrumentation on Measurement, Vol.39, No.2, pp.387-394 (1990).

[22] 鈴木 桂二: “マイクロ波測定”, コロナ社, pp. 179-187 (1957).

[23] 佐藤 篤樹，橋本 修，花澤 理宏，谷 健祐：“C 帯におけるホーンアンテナを用いた自由空間透過法による複素比誘電率測定”, 電子情報通信学会総合大会 B-4-42 (2003).

[24] 佐藤 篤樹，橋本 修，花澤 理宏，谷 健祐：“C 帯における自由空間透過法による複素比誘電率に関する研究”, 信学技報，EMCJ2002-78, pp.7-12 (2002).

第7章

レンズ法

本章では，自由空間法において，ホーンアンテナの代わりにレンズアンテナを用いてビームを集束させ，測定する方法について述べる．説明では，S パラメータ法や測定系の設計法について述べた後，PTFE(テフロン) の測定を例に具体的に誤差の検討等を含めて述べる．

7.1　測定の概要

第 6 章で示したように，自由空間法において，使用するアンテナがホーンアンテナであると放射電波はアンテナからの距離と共に拡散して行くので，目標物以外の周辺の構造物や床，天井等からの反射の影響を受けやすく，これが測定誤差の要因となる．この問題を克服するために，電波に対するレンズによって放射ビームを集束させる方法が古くから考案されている．図 7.1 はこの形式のアンテナ系を示しており，この原理を用いて測定した結果も報告され，商品化された例もある．この方法では，一般にネットワークアナライザーを用いて，1 対 1 のレンズアンテナ間を伝送路とみなし，試料を含まない伝送路 (空気) の伝送特性を基準とし，伝送路に試料を配置したときの試料による反射・透過特性 (伝送路の S パラメータ) から材料定数を逆算する．

測定はネットワークアナライザーとそれと連携するコンピュータにより実行するが，その場合の材料定数を推定する推定用ソフトウエアも市販されている．この推定用のアルゴリズムの主なものはニコルソン-ロス法 (Nicolson-Ross 法) と NIST 法 (Naional Institute of Standards and Technology) の 2 種類であり，

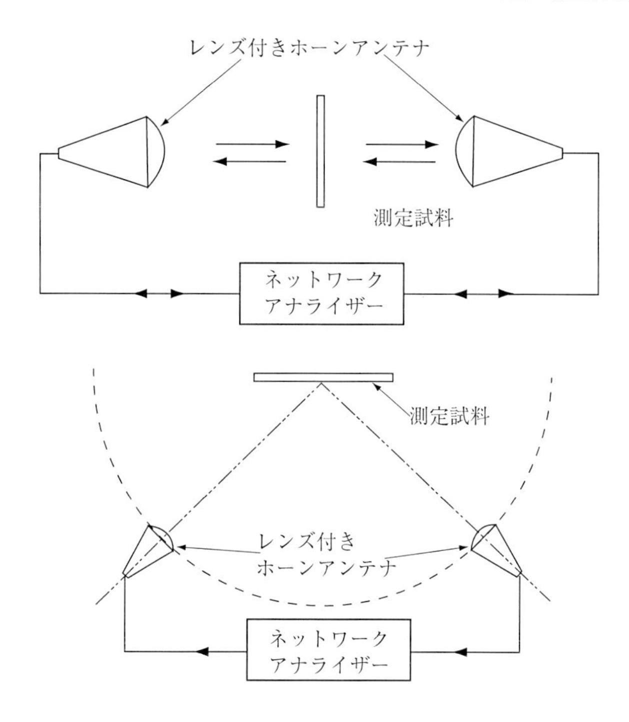

図 **7.1**　(a) 直線配置による材料測定 (上)，(b) 斜入射特性の測定 (下)

前者は複素透磁率と複素誘電率，後者は複素誘電率のみを求めるものである．

以下，誘電体レンズ付きホーンアンテナを用いた測定系の概要と測定の具体的方法，さらにその結果の一例について述べる．特に送受信レンズアンテナを1直線上に配置しビームの収束点に試料を挿入し，20GHz以上を対象としたものを中心に話しを進める．

7.2　測定の詳細

7.2.1　S パラメータ

図7.2に測定系の外観を示す．製作したホーンの開口直径は15cm(20GHzの波長の10倍) である．これは20GHz以上の周波数帯用のもので，その他の周波数として，C帯〜Ku帯において反射・透過特性を測るためのアンテナ系は

さらに開口の大きいものを使用する.

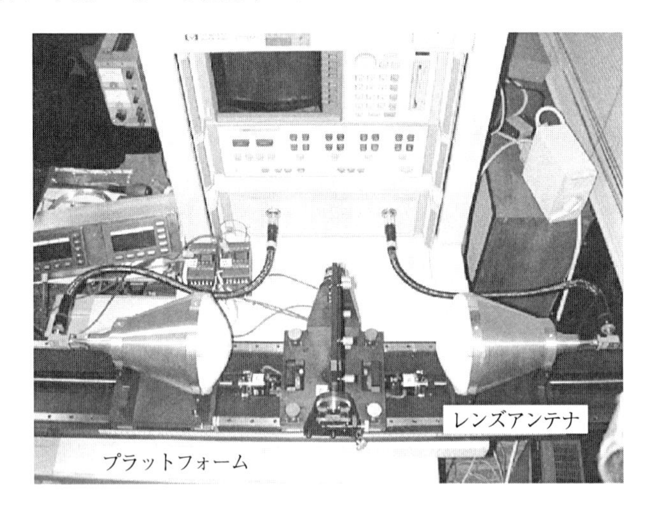

図 7.2　システム外観 ((株) 関東電子応用開発 提供)

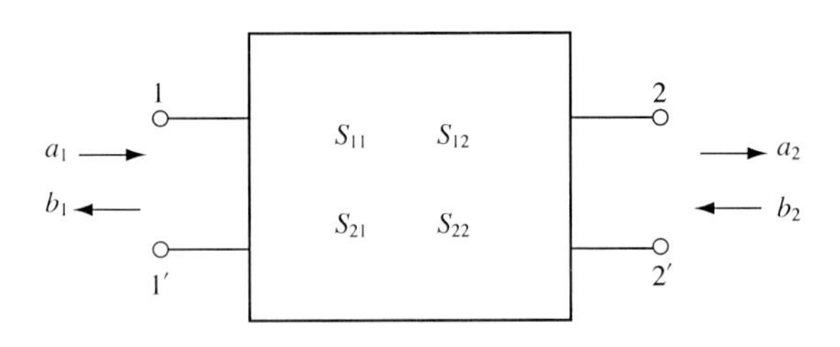

図 7.3　S パラメータ

測定の基礎となる理論は電気回路の S パラメータであり，つぎのようなものである．図 7.3 に示す電気回路において，2 組の端子 1,1' および 2,2' をそなえた電気回路があるものとする．それぞれの端子への入力信号電圧 (一般には振幅と位相をともなった複素量で表される) を a_1 および a_2，端子からの出力信号の電圧を b_1 および b_2 とすると，この電気回路が線形である場合にはこれらの間に次式の関係が成立する．

$$b_1 = S_{11}a_1 + S_{12}a_2 \tag{7.1}$$

$$b_2 = S_{21}a_1 + S_{22}a_2 \tag{7.2}$$

ここで，端子 2 からの入力信号がない場合には $a_2 = 0$ である．(7.1) 式およ

び (7.2) 式における S_{ij} をこの回路の S パラメータといい，このパラメータは回路の反射係数 (S_{11}, S_{22}) や伝送 (透過) 係数 (S_{12}, S_{21}) を与えるものである．自由空間法の場合には，図 7.3 の回路ブロック (伝送回路部分) は 2 つのアンテナ開口面に挟まれた空間と考えればよく，ある厚さの試料をアンテナ系の焦点の位置に設置したときに測定される上記 4 つの S パラメータの値から材料定数を求める．

このとき,「空気」試料の誘電率の測定結果が "1.0" となるように，測定系のパラメータ (具体的にいえば，サンプルホルダー長) の設定値を微調整する．そして，この後「空気」の代わりに試料を設置し，S パラメータを測定すると，得られた結果は空気 (無反射無損失) に対する試料により生ずる反射と透過の特性のみを反映する．

7.2.2　測定系の設計

(a) レンズアンテナ

レンズの設計は，レートレーシング法と電磁界解析により行う．ここでは設計の詳細は省略するが，シミュレーションにより得られた電波の電磁界の集束状況を図 7.4 に示す．レンズの設計において留意することは，レンズ材料の誘電率の値に設計と実際とでわずかに差が生じても，光路の 1 点収束性ができるだけ保たれるようにパラメータを求めることである．また，測定誤差の見地からは，試料側焦点距離が大きいほど集束されたビーム径の試料内での変化が小さくなるので有利となる．

(b) レンズアンテナ系の可動機構

レンズアンテナ系は，後述する TRL 校正の過程で位置を移動させる必要があるが，アンテナを移動させた後基準位置に復帰させるときに，位置の設定精度には μm 程度が要求される．これを純粋に機械工作技術のみに依存して達成するのはきわめて困難であり，また経済性の面で実用的ではない．そこで，後述するように，最終的にはソフトウエア上でサンプルホルダー長のオフセット処理を行うことで解決する．しかしながら，上記の目標設定精度にできるだけ近づ

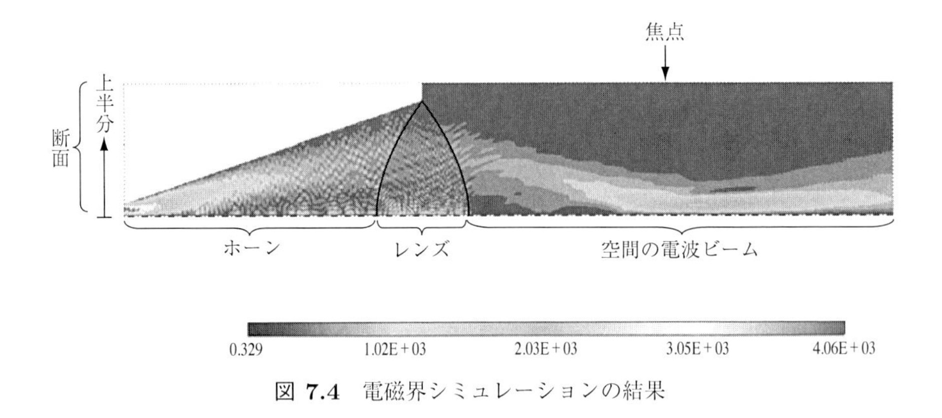

図 7.4　電磁界シミュレーションの結果

けうるように機構を設計する必要があるため，一例として可動機構はウオームギヤ付きのボールネジによる駆動方式によって可動機構を製作する．また，位置の読みとりはボールネジに直結した読みとり精度 1 μm のロータリエンコーダを用いる．

(c) 支持プラットフォーム

図 7.2 に示したように，可動機構の設定精度を再現性よく保つため，測定系全体を設置するプラットフォームには，測定時はもちろんのこと，運搬時などに外力が加わっても変形ができるだけ小さくなるように各部の補強に十分な配慮を必要とする．また，試料支持台における方形開口部は 1 辺 15cm(20GHz の 10 波長) の方形とし，試料支持台の設定精度 (光軸と垂直な平面に対する傾き) は方形開口の 1 辺に対して位置偏差が 1/100 波長を越えないように設定する．また，2 つのアンテナの光軸のずれは焦点面において 0.1mm 以下となるように設定する．以上のような観点から，レンズの材料には加工性の面から PTFE(テフロン) を採用し，その焦点 (試料) 面におけるビーム直径を測定した結果，20GHz において約 2 波長 (3cm) となった．

この測定は，中心に円形の開口穴をあけた金属板を用い，そこを通過する電力を測定したものであり，金属板なしの場合に比較して通過損失が 1dB 以下となるような穴の直径で評価したものである．この値はビーム直径を厳密に定義しうるものではないが一応の目安となりうる.

図 7.5 にこのアンテナ系の焦点 (非測定試料面) 上におけるビームの振幅 (a), 位相分布 (b) を 60GHz において測定した結果を示す. 振幅の低下が −3dB および −10dB の範囲に対する位相変化は 6° および 10° 以下であった.

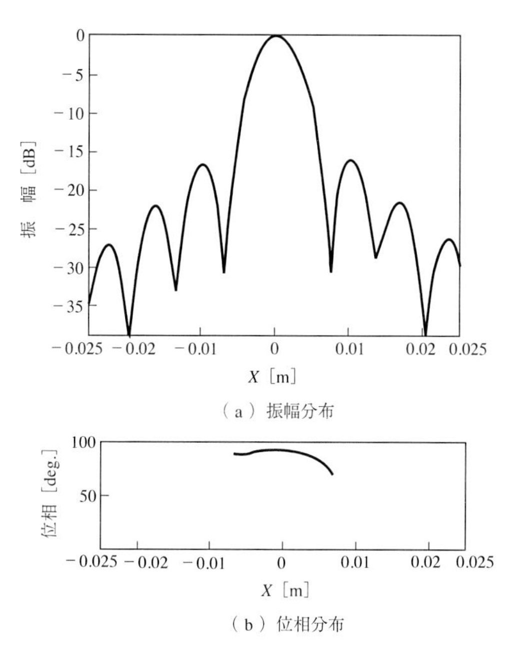

図 7.5 ビーム焦点における振幅と位相分布の実測値 (60GHz)

7.3 測定の実際

7.3.1 測定準備と測定

(a) 校正

ネットワークアナライザーの出力ポートから本システムを経てネットワークアナライザーの入力ポートに至る測定系全体の伝送特性の校正には TRL/TRM(Thru, Reflect, Line/Match)2 ポート校正を用いる. アンテナを基準位置に設置し, 試料を設置していない状態での伝送係数 (Thru)(S_{21}, S_{12}), 完全反射板を基準面

(被測定試料を設置する位置) に設置したときの反射係数 (Reflect)(S_{21}, S_{12}), およびネットワークアナライザーのポート 2 側のアンテナを，測定周波数帯域の中心周波数に対する 1/4 波長だけポート 2 方向に移動させた状態 (Line) での S パラメータを取得して，これらのデータから測定系全体の伝送特性を正規化するための操作が TRL 校正である．TRM 校正は TRL と同様の理論に基礎を置いたもので，Line の代わりに無反射条件 (Matched Load －高性能電波吸収体を用いる) を設定して校正を行う．

この校正の過程では，片側のアンテナを移動させる必要がある．その際，校正の後，規準位置にアンテナを復帰させるときの位置設定の誤差は測定誤差に密接に関係し，20GHz の測定においても位置設定精度は 1 μm 程度を必要とする．しかし，実用的な機構でこの精度を確保するのはきわめて困難であり，この問題を解決するために，測定の項 (7.3.2 項) で述べるように試料長をソフトウエア上で補正する．

(b) タイムゲート

システムの伝送特性を校正しても，ネットワークアナライザーの入出力ケーブルとアンテナとの接続点，レンズ表面等でインピーダンス不整合に起因する若干の反射が生じるとともに，試料を設置した場合には必ず試料から反射が生じる．上述の不整合による反射と試料からの反射が複合して多重反射が生じるが，これが測定結果に不規則な周波数特性の変動をもたらす．そのため，多重反射の影響を避ける手段としてネットワークアナライザーのタイムゲート機能を使用する．

タイムゲート機能とは，反射特性，透過特性の測定データからある時間幅内に含まれるデータのみを抽出し，それにもとづいて真の反射特性，透過特性を推定する機能である．このため，測定された周波数領域のデータをフーリエ逆変換によって時間領域データに変換し，その中から着目する時間幅 (タイムゲート) 内のデータのみを用いてフーリエ変換して周波特性を取得する．本測定系の場合について具体的にいえば，2 つのアンテナの中央に設置した試料の位置に相当する時間を中心として試料と両アンテナの開口部との中間に相当するタイムゲートを設定する．この機能により，計算された材料定数が平滑化された周波数特性となる．周波数軸上で取得するデータが有限個であることから，伝送特性の細かい変化を完全に取得することができない．このため，フーリエ逆変換と再変換の過程で誤差が生じ，誘電率の計算結果の周波数特性に，わずかに“うねり”が生じる．

(c) 測定の実行

測定に際して重要となるのは，試料の加工精度と厚さの測定である．特にブロック状の材料から試料板を切り出すような場合には板の厚さができるだけ一定になるように注意して加工する必要がある．また，試料厚さは電波ビームが当たる試料の中心部を計測する必要がある．さらに，PTFE のような比較的柔らかい材料の場合には厚さの計測にあたって計測器 (マイクロメータ) の接触部で試料を圧迫しないように注意を要する．図 7.6 に測定の一例として接触部に直径約 2.5cm のディスクを装着したマイクロメータで試料の厚さを測定する様子を示す．このような注意をはらって加工した試料について，測定の実行はタイムゲートを掛けた状態でつぎのような手順で行う．

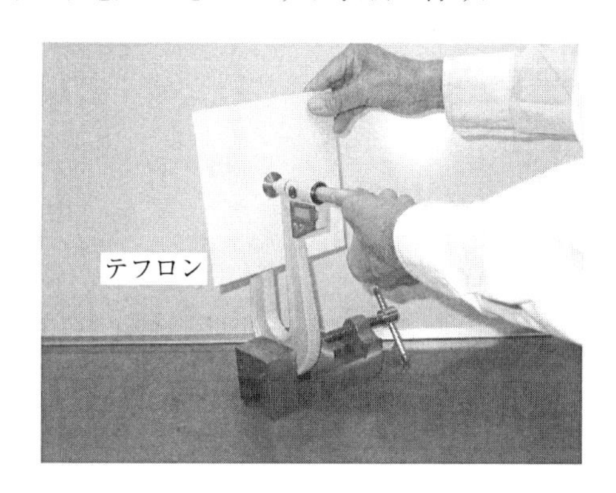

図 **7.6** 厚さの測定の様子

1. 材料定数推定のプログラム (ニコルソン-ロス法か NIST 法か) を決定する．
2. サンプルホルダーに関する設定を入力する．サンプルホルダー長をとりあえず 0 mm とし，試料の設置位置を 0 mm および試料厚さとして計測値を入力する.

3. 試料を設置しない状態で「空気」を測定する. ここで「空気」の誘電率が (平均値で)1.0 にならない場合にはサンプルホルダー長の設定値を微調整して誘電率を「再計算」する. これを繰り返して誘電率が 1.0 になるようなサンプルホルダー長に設定する. この操作はアンテナの移動に際して生じるバックラッシュを補正するためのものである.
4. 「試料」を測定する. このように操作することにより,「試料」が「空気」と置きかわった条件で測定したことになり, 測定結果は「試料」による反射と透過の特性を忠実に反映していることになる. したがって, この測定値から求めた材料定数の値 (比誘電率と比透磁率) は合理性をもった値となる.
5. 校正を行った後, ある程度の時間が経過するとネットワークアナライザーの各部のドリフトにより「空気」の誘電率が 1.0 から外れる場合が多い. このことが確認された場合, サンプルホルダー長の補正値を変更する. ただし, 補正値が「10μm」を越えるような場合には再校正を行う必要がある.

7.3.2　誘電率測定

図 7.7 に「試料」の位置に PTFE 板を設置したときのタイムドメインの S_{11} 特性を示す. ここで, マーカ 1, マーカ 2, マーカ 3 はそれぞれ同軸・導波管変換器, レンズ, PTFE 板の反射係数を示している. これより, PTFE 板の反射係数に比して同軸・導波管変換器およびレンズ表面からの反射係数は 15dB 程度低いことが観察できる. そして, 材料測定時にはタイムゲートの作用によりこれらの反射を除去し, 測定結果に影響を及ぼさないようにすることができる.

図 7.8 および図 7.9 に「空気」および「PTFE」の測定結果の一例を示す. また, 図 7.10 および図 7.11 には図 7.9 の PTFE の結果において縦軸の範囲を小さくしスケールアップした結果を示している. これらの図において, 中央の曲線が図 7.9 に対応するものである. この曲線の上下にあるこれとほぼ平行した曲線は, 図 7.10 においては試料の厚さを -5 % (上) および $+5$ % (下) だけ, 図 7.11 においてはサンプルホルダー長を -10 μm および $+10$ μm だけそれぞ

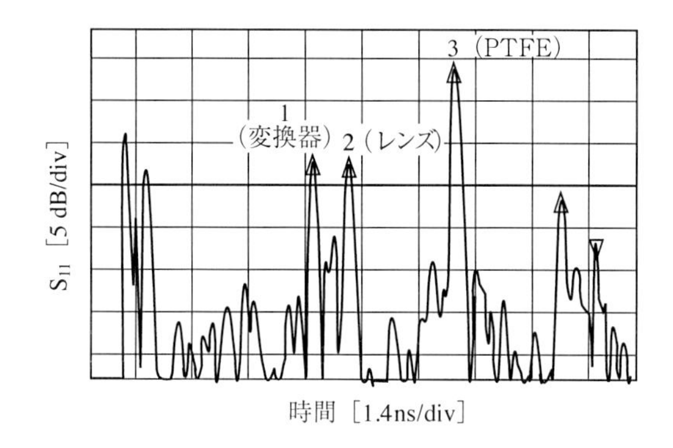

図 **7.7**　タイムドメイン測定による反射特性

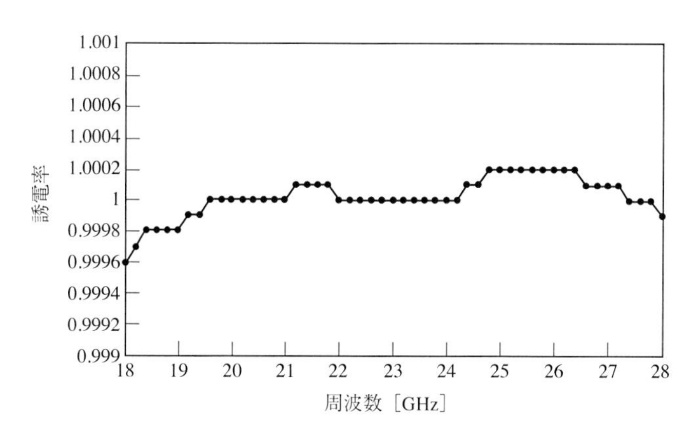

図 **7.8**　空気の誘電率

れ故意に違えて入力したときの結果である．これらの図より，試料の厚さやサンプルホルダー長(アンテナ可動機構のバックラッシュ)の設定値が測定結果にいかに影響を与えるかが知られる．

図 7.10 および図 7.11 より，試料厚さの 5 ％およびサンプルホルダー長の 10 μm の偏差が PTFE の誘電率の値に，20GHz 帯においてそれぞれ約 2 ％ および 0.3 ％ の誤差をもたらすことがわかる．試料の厚さの測定精度を 1 ％ 程度に管理することは，現実にはかなり困難と考えられ，これが材料定数の測定精度の限界を決める要因になる．また，サンプルホルダー長については，上述の

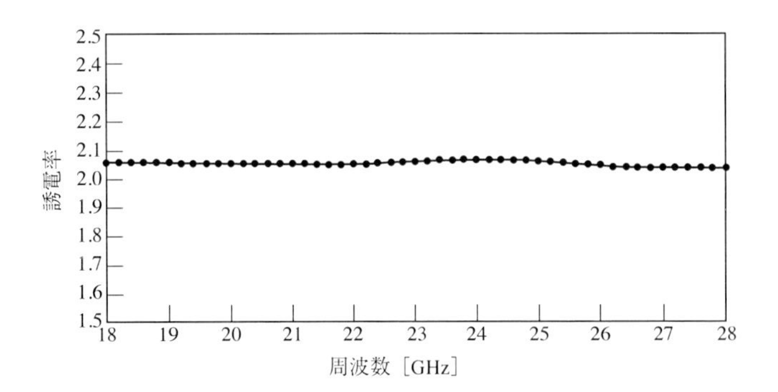

図 **7.9**　PTFE 板 (テフロン) の誘電率

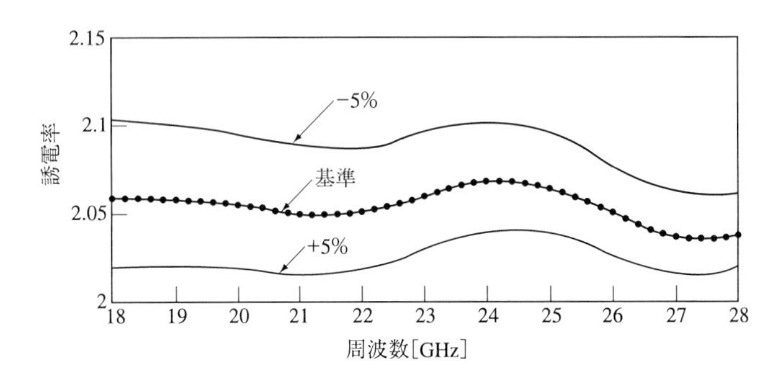

図 **7.10**　試料厚さの影響

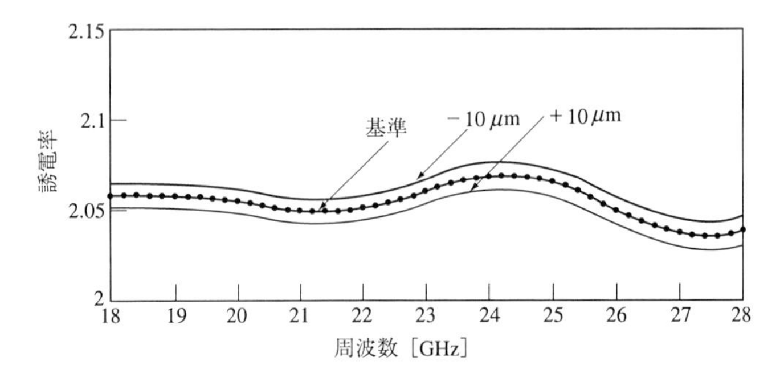

図 **7.11**　サンプルホルダー長の影響

ようにソフトウエア上で補正がある程度可能であるが，この補正量はむしろ再校正の必要性を知るための手がかりとして重要な意味をもつ．

さらに，本システムに対して 6.3.2 節で述べた自由空間透過法で用いた測定手法を適用し，材料定数の推定を行うこともできる．この手法は，S_{21} のみの測定となるので，複素比誘電率の測定に限定されるが，先に述べた TRL 校正のようにアンテナを移動させる必要がなく，簡易的な校正により測定ができる利点がある．

この手法を用いて，レンズ法により複素比誘電率を測定した結果を図 7.12 に示す．この測定では電波吸収材等に使用するカーボン含有系ゴム平板試料を使用し，測定周波数範囲を 33 から 50GHz としている．なお，比較のためにファインセラミックセンター (JFCC) で測定した結果 [9] も同図に示す．

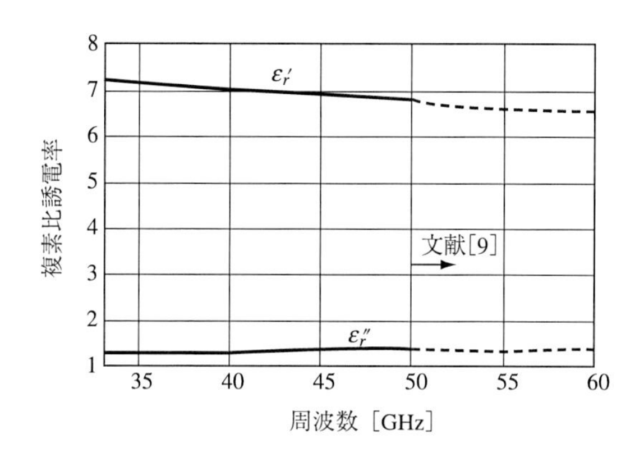

図 **7.12**　カーボン含有ゴムシートの測定結果

参考文献

[1] A.G.Mungall and John Hart: "Measurement of the Dielectric Constant of Liquids at Centimeter and Millimeter Wavelengths", Canadian Jounal of Physics, 35, pp.995-1003 (1957).

[2] D.K. Ghodgaonkar, V.V. Varadan and V.K. Varadan: "A Free-Space Method for Measurement of Dielectric Constants and Loss Tangents at Microwave Frequencies", IEEE Trans. on Instrumentation and Measure-

ment, 37,3, pp.789-793 (1989).

[3] HVS Technologies,Inc.: http://www.hvstech.com/

[4] アジレントテクノロジー：材料測定ソフトウエア 85071.

[5] A.M. Nicolson and G.F. Ross: "Measurement of the Intrinsic Properties of Materials by Time-Domain Techiques", IEEE Trans. on Instr. and Meas., IM-19, 4, pp.377-382 (1970).

[6] J. Baker-Jarvis, E.J. Vanzura and W.A. Kissick: "Improved Technique for Determining Complex Permittivity with the Transmission/Reflection Method", IEEE Trans. on MTT38,8, pp.1096-1103 (1990).

[7] G.F. Engen and C.A. Hoer: "Thru-Reflect-Line: An Improved Techinique for Calibrating the Dual Six-Port Automatic Network Analyzer", IEEE Trans. on MTT, MTT-27, 12, pp.987-993 (1979).

[8] 戸高 嘉彦, 近藤 昭治, 橋本 修: "ビーム収束型ホーンアンテナを用いたフリースペース法電子材料測定システム", 信学技報, EMCJ2002-79, pp.13-20 (2002)

[9] 東田 豊: "ファインセラミックス技術者講座", No.9 (2001).

第8章

エリプソメトリー法

本章では自由空間法の1つとして，光領域での屈折率や薄膜の厚みを測定する方法であるエリプソメトリー法の応用について説明する．この方法はTM波とTE波の反射係数の振幅比および位相差を測定することにより複素誘電率を推定する方法である．この方法はスカラー測定であるため，ミリ波帯における高価なベクトルネットワークアナライザーを必要としないことや，他の自由空間法と比べ，試料毎の反射や透過基準の校正測定が不要であるという大きな利点を有する．

8.1 測定の概要

平板の測定試料に対し，電波を照射した時の，TMおよびTE波の反射係数 $\dot{R}_{TM}$ および $\dot{R}_{TE}$ をそれぞれ，

$$\dot{R}_{TM} = |\dot{R}_{TM}| \exp(j\psi_{TM}) \tag{8.1}$$

$$\dot{R}_{TE} = |\dot{R}_{TE}| \exp(j\psi_{TE}) \tag{8.2}$$

とし，これらの反射係数の比を次式で定義する (反射係数については6.1節参考)．

$$\frac{\dot{R}_{TM}}{\dot{R}_{TE}} = \left|\frac{\dot{R}_{TM}}{\dot{R}_{TE}}\right| \cdot \exp j(\psi_{TM} - \psi_{TE}) \equiv \tan\varPsi \cdot \exp(j\varDelta) \tag{8.3}$$

ここで $\varPsi$ と $\varDelta$，すなわち，TM波とTE波の振幅比 $\varPsi$ $(= |\dot{R}_{TM}/\dot{R}_{TE}|)$ と位相の差 $\varDelta$ $(= \psi_{TM} - \psi_{TE})$ を測定すれば，ニュートン法などを用いた逆推定問題として複素誘電率を測定することができる．

測定においては，直交した電磁場ベクトルの間に反射による位相角の変化を与えるために試料に対して電波を斜めに入射する．すなわち，入射波が入射面に平行な成分と垂直な成分を有すると，両成分には表面における反射の際にそれぞれ異なった大きさの振幅変化，位相変化を生じる．したがって，この反射により変化した偏波状態を調べれば反射の際の振幅比と位相変化を求めることができる．

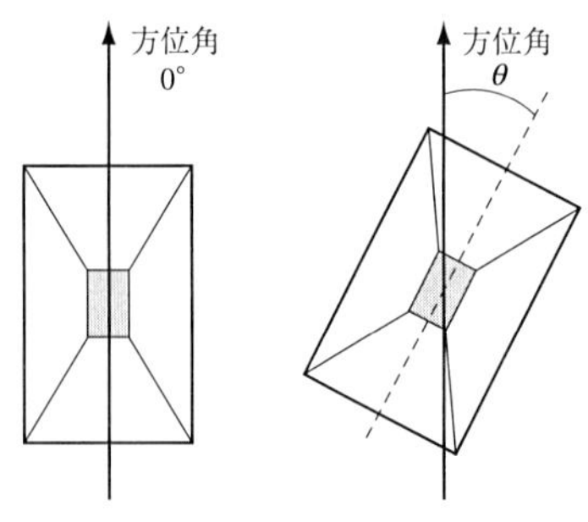

図 **8.1**　方位角について

振幅比と位相変化を測定するためにミリ波帯においてホーンアンテナを用いる場合，それを取り付けた受信 (検出) 器自体が偏波依存性を有するので，光の場合の回転検光子法に相当する「受信器回転法」が採用できる．すなわち，図 8.1 に示すように受信器の方位を入射面に垂直な軸とのなす角度 θ で定義し，(方位 0 度または方位 180 度の場合に TM 波の受信感度が最大になる (TE 波の受信感度は最小) とする．) 入射波として 45 度方位の直線偏波を入射 (これは TM, TE 波を同量入射して，反射する楕円偏波を観測するため) させ，受信器の方位 θ に対する受信器で受信する反射波のエネルギー E の関係を測定する．ここで，Ψ および Δ は 8.2.3 項で導出するように次式で表される．

$$\begin{aligned} E &= E_0(1 - \cos 2\Psi \cos 2\theta + \cos \Delta \sin 2\Psi \sin 2\theta) \\ &\equiv E_0(1 + \alpha \cos 2\theta + \beta \sin 2\theta) \end{aligned} \tag{8.4}$$

上記の式より，反射波エネルギーの受信器方位依存性を測定することで，α, β を求め，さらに，この値から Ψ および Δ を求めると，複素誘電率を測定することができる．

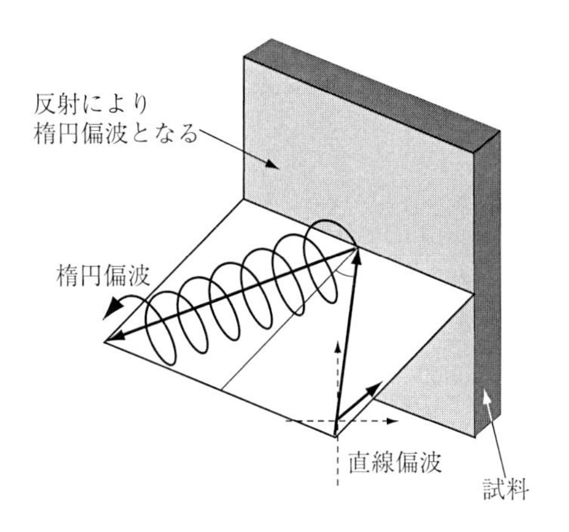

図 **8.2** 反射による偏波変化

8.2 測定の詳細

ここでは，具体的に測定系や測定手順，受信電力や Ψ と Δ の導出法，さらに入射角度の選択法について説明する．

8.2.1 測定系と測定手順

エリプソメトリーシステムの一例としてその概略図および実験の様子を図 8.3，図 8.4 に示す．このようなシステムは送受信モジュールを交換することで，40GHz から 110GHz まで周波数のスキャンが可能であり，送受信モジュールは図 8.4 の (b) および (c) に示すように回転装置の中に装着し，方位角が 360 度回転できるようになっている．測定の手順は以下の通りである．

1. 送信側モジュールを方位角 + 45 度に設定する．
2. 図 8.5 の測定例に示すように受信側モジュールを方位角 0 度から 360 度まで回転させ，各方位における受信電力を測定する．
3. 測定値をフーリエ解析し，2 次成分の振幅を導出する．
4. 送信側モジュールを方位角 −45 度に設定し (2)，(3) を行う．
5. (3) で導出した値を ±45 度方位の平均をとり，Ψ と Δ を計算する．
6. (5) で得た Ψ と Δ から数値計算により複素誘電率を逆推定する．

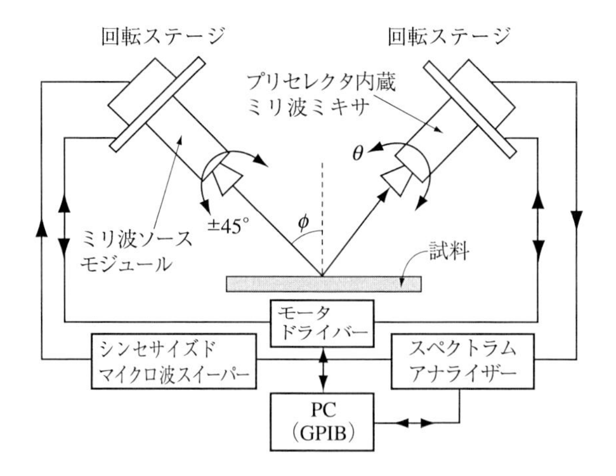

図 **8.3**　測定系

（a）測定の様子

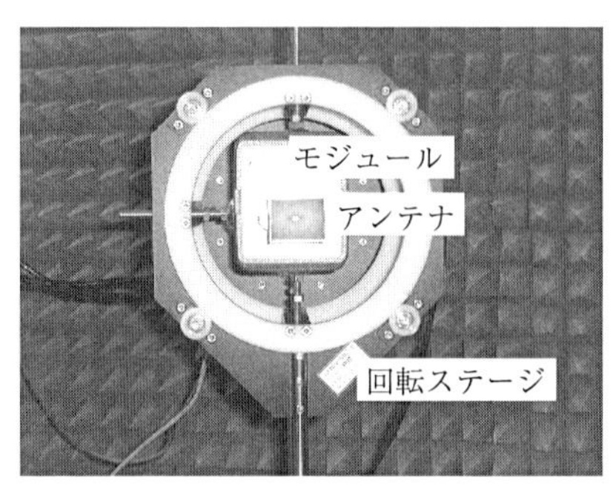

（b）回転装置（正面図）

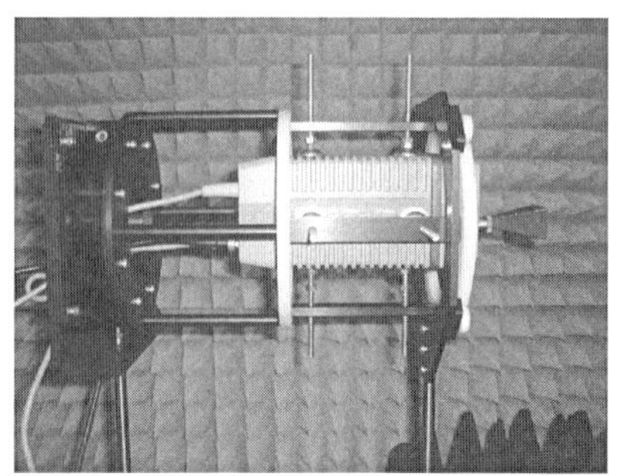

（c）回転装置（側面図）

図 **8.4**　測定の様子

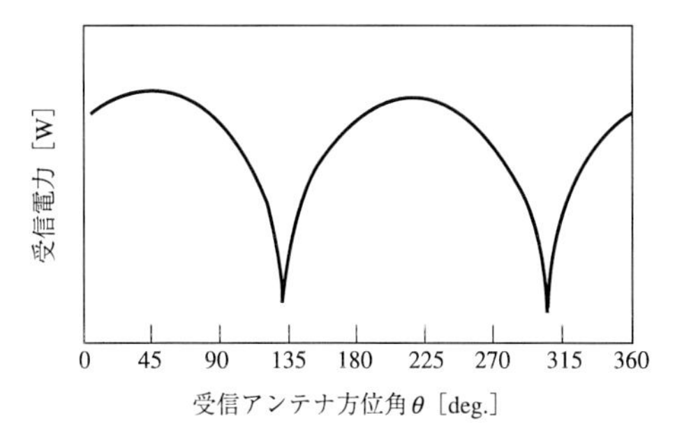

図 **8.5**　測定例

8.2.2　受信電力

入射波として 45 度方位の直線偏波を入射角 ϕ で入射させた場合，反射係数 $\dot{R}_{TM}(\dot{\varepsilon}_r, \phi)$ および $\dot{R}_{TE}(\dot{\varepsilon}_r, \phi)$，受信器の方位 θ と受信器で受信する反射波のエネルギー E との関係はジョーンズベクトルを用いて表すと，

$$\begin{pmatrix} \dot{E}_x \\ \dot{E}_y \end{pmatrix} = \begin{pmatrix} 1 & 0 \\ 0 & 0 \end{pmatrix} \begin{pmatrix} \cos\theta & \sin\theta \\ -\sin\theta & \cos\theta \end{pmatrix} \begin{pmatrix} \dot{R}_{TM} & 0 \\ 0 & \dot{R}_{TE} \end{pmatrix} \begin{pmatrix} 1 \\ 1 \end{pmatrix} \frac{E_0}{\sqrt{2}}$$
$$= \begin{pmatrix} \dot{R}_{TM}\cos\theta + \dot{R}_{TE}\sin\theta \\ 0 \end{pmatrix} \frac{E_0}{\sqrt{2}} \tag{8.5}$$

であるから，受信電力 E は次のように表すことができる．

$$\begin{aligned} E &= |\dot{E}_x|^2 + |\dot{E}_y|^2 \\ &= \frac{E_0^2}{4}\left(\dot{R}_{TM}\cos\theta + \dot{R}_{TE}\sin\theta\right)\left(\dot{R}_{TM}^*\cos\theta + \dot{R}_{TE}^*\sin\theta\right) \\ &= \frac{E_0^2}{2}\Big\{\dot{R}_{TM}\cdot\dot{R}_{TM}^*\cos^2\theta + \dot{R}_{TE}\cdot\dot{R}_{TE}^*\sin^2\theta \\ &\qquad + \left(\dot{R}_{TM}\cdot\dot{R}_{TE}^* + \dot{R}_{TM}^*\cdot\dot{R}_{TE}\right)\sin\theta\cos\theta\Big\} \end{aligned} \tag{8.6}$$

ここで $\dot{R}_{TM}^*, \dot{R}_{TE}^*$ は $\dot{R}_{TM}, \dot{R}_{TE}$ の複素共役であり，

$$\dot{R}_{TM}\cdot\dot{R}_{TM}^* = \left|\dot{R}_{TM}\right|^2 \tag{8.7}$$

$$\dot{R}_{TE}\cdot\dot{R}_{TE}^* = \left|\dot{R}_{TE}\right|^2 \tag{8.8}$$

$$
\begin{aligned}
&\dot{R}_{TM}\cdot\dot{R}_{TE}^{*}+\dot{R}_{TM}^{*}\cdot\dot{R}_{TM}\\
&=|\dot{R}_{TM}|e^{j\psi_{TM}}|\dot{R}_{TE}|e^{-j\psi_{TE}}+|\dot{R}_{TM}|e^{-j\psi_{TM}}|\dot{R}_{TE}|e^{j\psi_{TE}}\\
&=|\dot{R}_{TM}|\,|\dot{R}_{TE}|\left(e^{j(\psi_{TM}-\psi_{TE})}+e^{-j(\psi_{TM}-\psi_{TE})}\right)\\
&=2|\dot{R}_{TM}|\,|\dot{R}_{TE}|\cos\varDelta
\end{aligned}
\tag{8.9}
$$

であるから (8.6) 式に (8.7)，(8.8)，(8.9) 式を代入して整理すると，

$$
E=\frac{E_0^2}{2}\left(\left|\dot{R}_{TM}\right|^2\cos^2\theta+\left|\dot{R}_{TE}\right|^2\sin^2\theta+2\cos\varDelta\sin\theta\cos\theta\right) \tag{8.10}
$$

となり，さらに $\left|\dot{R}_{TM}\right|/\left|\dot{R}_{TE}\right|=\tan\varPsi$ を用いて整理すると

$$
\begin{aligned}
&=\frac{E_0^2\left(\left|\dot{R}_{TM}\right|^2+\left|\dot{R}_{TE}\right|^2\right)}{4}(1-\cos2\varPsi\cos2\theta+\cos\varDelta\sin2\varPsi\sin2\theta)\\
&=E'(1+\alpha\cos2\theta+\beta\sin2\theta)
\end{aligned}
\tag{8.11}
$$

となる．ここで，E',α および β は次のように定義した．

$$
E'=\frac{E_0^2\left(\left|\dot{R}_{TM}\right|^2+\left|\dot{R}_{TE}\right|^2\right)}{4} \tag{8.12}
$$

$$
\alpha\ =-\cos2\varPsi \tag{8.13}
$$

$$
\beta\ =\cos\varDelta\sin2\varPsi \tag{8.14}
$$

8.2.3　$\varPsi,\Delta$ の導出法

$\varPsi$ および $\varDelta$ を得るためには，45 度方位の直線偏波を入射させた場合の試料からの反射波の偏波状態，つまり (8.11) 式の 2 次のフーリエ係数 (α,β) を知る必要がある．そして，同 (8.11) 式より，α,β は受信器の方位を回転させ，各方位角 1 回転 N 個の受信電力を測定した場合，下記のように計算できる．

$$
E'=\frac{1}{N}\sum_{i=1}^{N}E_i \tag{8.15}
$$

$$
\alpha E'=\frac{2}{N}\sum_{i=1}^{N}E_i\cos2\theta_i \tag{8.16}
$$

$$\beta E' = \frac{2}{N} \sum_{i=1}^{N} E_i \sin 2\theta_i \tag{8.17}$$

そして，この α, β により

$$\Delta = \cos^{-1}(\beta/\sqrt{1-\alpha^2}) \tag{8.18}$$

$$\Psi = \frac{1}{2} \cos^{-1}(-\alpha) \tag{8.19}$$

となる．このような測定から得られる Ψ および Δ と，初期値として与えられる $\dot{\varepsilon}_r$ を用いて反射係数から解析的に得られる値 Ψ および Δ とから先の 3.2.2 項で示したニュートン法を用いて複素誘電率を推定する．

8.2.4 入射角の選択法

図 8.6，図 8.7 に複素誘電率を変化させた場合について，Ψ-Δ 曲線を入射角度 ϕ を 30 度から 70 度まで 10 度ステップで (8.3) 式を用いて計算した結果を示す．計算条件は一例として周波数 f を 55GHz，試料厚み d を 1mm とし，図 8.6 では複素比誘電率の実部 ε_r' を 8.725 と一定とし，虚部 ε_r'' を 0 から 9 まで変化させ，また，図 8.7 では虚部を 3 と一定にし，実部を 1 から 15 まで変化させ計算した一例を示している．

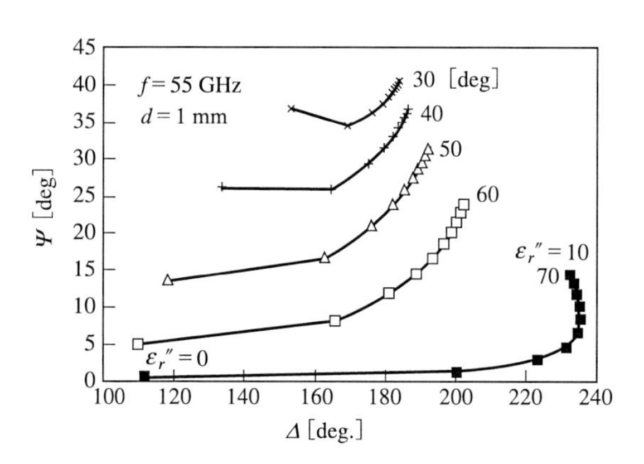

図 **8.6** Ψ-Δ 特性 ($\varepsilon_r' = 8.725$)

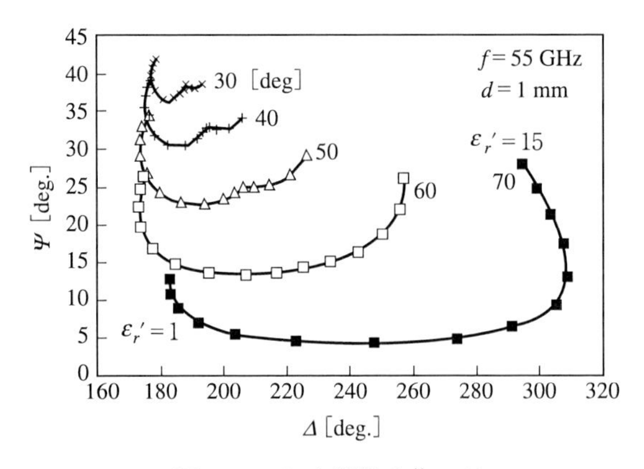

図 **8.7**　Ψ-Δ 特性 ($\varepsilon_r'' = 3$)

これらの図より，入射角を大きくとった方が Ψ および Δ の変化は大きくなる傾向が確認でき，振幅比 Ψ と位相差 Δ に含まれる測定誤差の影響は，入射角を大きくすることで抑制できることがわかる．しかし逆に，入射角を大きくしすぎるとアンテナ間のカップリングによる影響が考えられるため，入射角がどの程度であればカップリングの影響が少なくなるかについて確認する必要がある (6.3.1 項を参照).

8.3　測定の実際

8.3.1　入射角度の決定

図 8.8 に図 8.3 の測定系において周波数 55GHz にとして，入射角度を 5 度おきに変化させたときの受信電力の測定結果を示す．この結果，入射角はおよそ 55 度までならばカップリングがほとんど無いことが確認でき，この測定系においては，先の 8.2.4 項の考察もふまえて入射角をできるだけ大きくするという観点から 55 度程度が適当であることがわかる．

8.3.2　試料支持台の影響

自由空間における測定では，しばしば発泡材を試料の支持台として使用する．しかし，反射量の測定において，試料裏面に金属板を裏打ちしない場合，支持

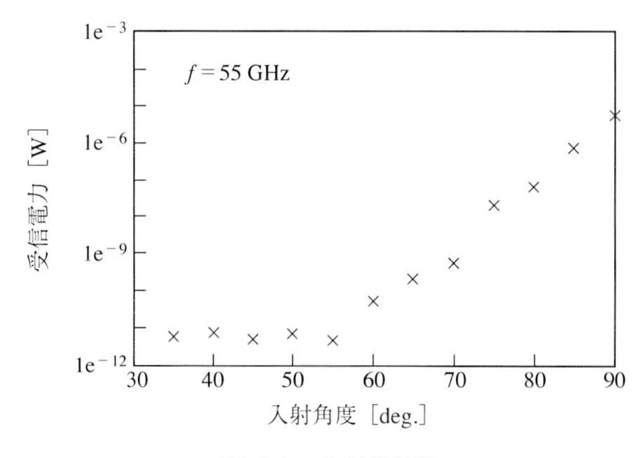

図 **8.8**　入射角特性

台からの反射が測定結果に影響を及ぼすため，支持台自体にも工夫を施す必要がある．図 8.9 および，図 8.10 に発泡材を用いた支持台の概観とその支持台からの反射量の測定結果を示す．ここで，測定条件は周波数 55GHz，入射角度 55 度，送信モジュール方位 45 度であり，測定は受信方位角を 0 度から 360 度まで 5 度おきとしている．これより，支持台からの反射が確認でき，最大で約 6×10^{-10}(W) であることがわかる．

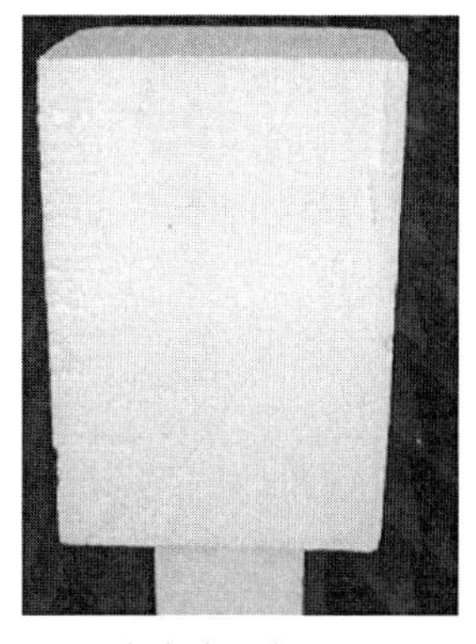

（a）加工無し

（b）加工あり（図 8.4 参照）

図 **8.9**　支持台の写真

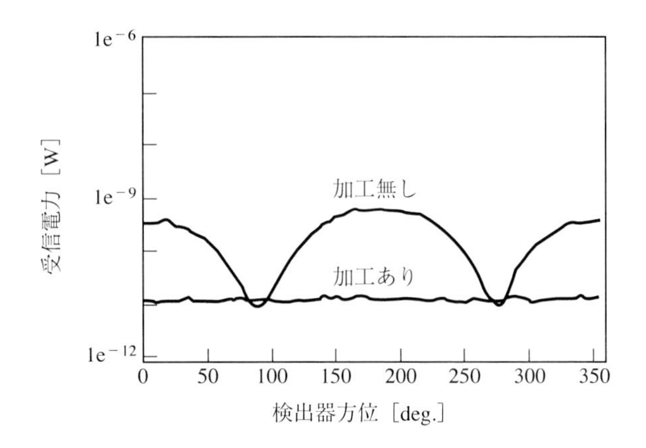

図 **8.10**　試料支持台の反射特性

このような支持台からの反射を少なくするために，試料支持台に加工を施した様子を図 8.9 に示す．この加工では，反射面積を極力小さくするために，余分な面をくり抜き，試料を 4 点で支えるよう工夫し，さらに，残った面において直接反射が少なくなるように山型としている．そうすることにより図 8.10 にあるように支持台からの反射を極めて小さくすることができる．

8.3.3　アンテナ方位角の調整

図 8.11 に示すように，測定治具のセッティングの際には送受信アンテナの方位角を調整する必要があるが，人間の手や目でアンテナの方位角を合わせ込むだけではどうしても多少の誤差が生じてしまい，その方位角誤差が測定誤差の要因となる．このような場合，誤差角度を修正は，図 8.12 にあるように，試料なしのストレート配置と，金属板を反射板とした斜入射配置の場合の受信器側の各方位角における受信電力を測定することで可能となる．以下その修正方法について記述する．

図 8.11 に示すような送受信アンテナの方位角に方位角誤差 p, q が含まれる場合，アンテナをストレート配置とした時の受信器側方位角 θ での受信電力 E_1 は，次のように表せる．

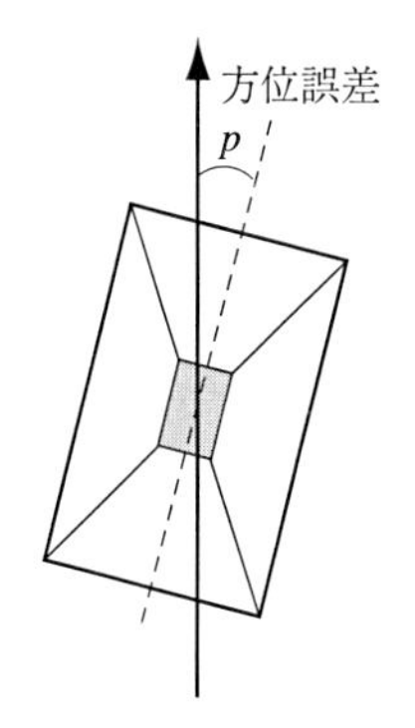

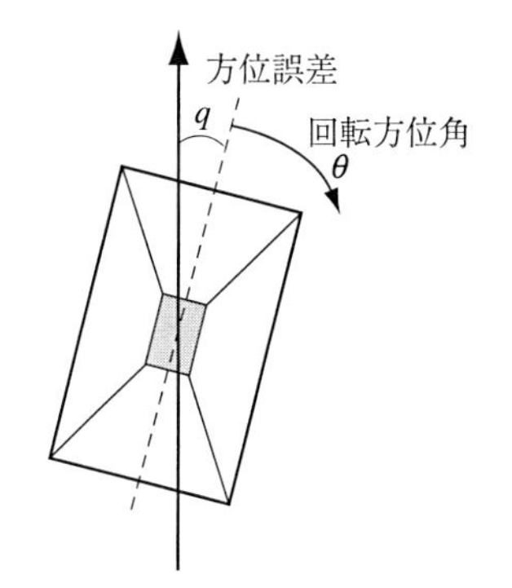

（a）送信アンテナ正面図　（b）受信アンテナ正面図

図 8.11 方位角誤差

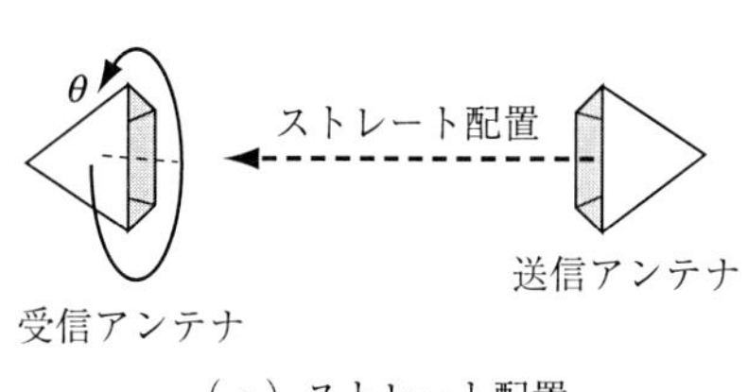

（a）ストレート配置

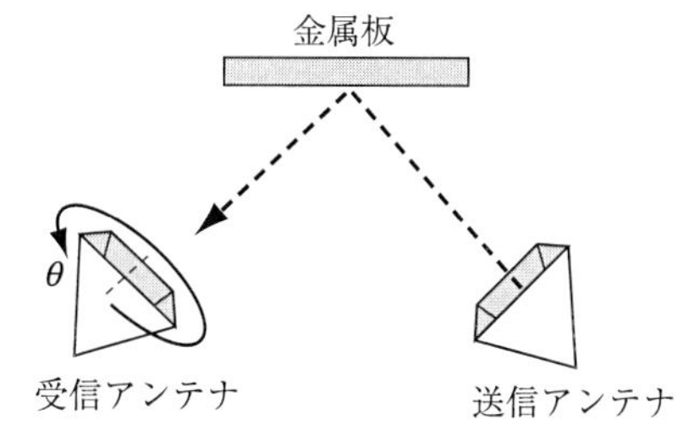

（b）斜入射配置

図 8.12 誤差角度の修正のための測定

$$
\begin{pmatrix} E_{1x} \\ E_{2x} \end{pmatrix} = \begin{pmatrix} 1 & 0 \\ 0 & 0 \end{pmatrix} \begin{pmatrix} \cos q & \sin q \\ -\sin q & \cos q \end{pmatrix} \begin{pmatrix} \cos\theta & \sin\theta \\ -\sin\theta & \cos\theta \end{pmatrix} \cdot
$$

$$
\begin{pmatrix} 1 & 0 \\ 0 & 1 \end{pmatrix} \begin{pmatrix} \cos p & -\sin p \\ \sin p & \cos p \end{pmatrix} \begin{pmatrix} 1 \\ 0 \end{pmatrix} \quad (8.20)
$$

ここで，p, q が微小であるとすると次のように近似できる．

$$
\fallingdotseq \begin{pmatrix} 1 & 0 \\ 0 & 0 \end{pmatrix} \begin{pmatrix} 1 & q \\ -q & 1 \end{pmatrix} \begin{pmatrix} \cos\theta & \sin\theta \\ -\sin\theta & \cos\theta \end{pmatrix} \begin{pmatrix} 1 & 0 \\ 0 & 1 \end{pmatrix} \begin{pmatrix} 1 & -p \\ p & 1 \end{pmatrix} \begin{pmatrix} 1 \\ 0 \end{pmatrix}
$$

$$
= \begin{pmatrix} \cos\theta + q(-\sin\theta + p\cos\theta) \\ 0 \end{pmatrix} \quad (8.21)
$$

$$
\begin{aligned}
E_1 &\doteqdot |E_{x1}|^2 = cos^2\theta + (p-q)^2 \sin^2\theta + 2(p-q)\sin\theta\cos\theta)) \\
&= \frac{1}{2}\left[1 + (p-q)^2 + \left(1-(p-q)^2\right)\cos 2\theta + 2(p-q)\sin 2\theta\right] \\
&= \frac{1+(p-q)^2}{2}\left[1 + \frac{1-(p-q)^2}{1+(p-q)^2}\cos 2\theta + \frac{2(p-q))}{1+(p-q)^2}\sin 2\theta\right] \\
&= E_1'\left[1 + A_1\cos 2\theta + B_1\sin 2\theta\right] \qquad (8.22)
\end{aligned}
$$

ただし

$$
E_1' = \frac{1+(p-q)^2}{2}, \quad A_1 = 1 + \frac{1-(p-q)^2}{1+(p-q)^2}, \quad B_1 = \frac{2(p-q))}{1+(p-q)^2}
$$

同様に金属板をおいた斜入射配置における受信器方位角 θ においては次のようになる.

$$
\begin{pmatrix} E_{2x} \\ E_{2y} \end{pmatrix} = \begin{pmatrix} 1 & 0 \\ 0 & 0 \end{pmatrix}\begin{pmatrix} \cos q & \sin q \\ -\sin q & \cos q \end{pmatrix}\begin{pmatrix} \cos\theta & \sin\theta \\ -\sin\theta & \cos\theta \end{pmatrix} \cdot \begin{pmatrix} 1 & 0 \\ 0 & -1 \end{pmatrix}\begin{pmatrix} \cos p & -\sin p \\ \sin p & \cos p \end{pmatrix}\begin{pmatrix} 1 \\ 0 \end{pmatrix} \qquad (8.23)
$$

$$
\begin{aligned}
E_2 &\doteqdot \frac{1+(p+q)^2}{2}\left[1 + \frac{1-(p+q)^2}{1+(p+q)^2}\cos 2\theta - \frac{2(p+q))}{1+(p+q)^2}\sin 2\theta\right] \\
&= E_2'\left[1 + A_2\cos 2\theta + B_2\sin 2\theta\right] \qquad (8.24)
\end{aligned}
$$

ただし

$$
E_2' = \frac{1+(p+q)^2}{2}, \quad A_2 = 1 + \frac{1-(p+q)^2}{1+(p+q)^2}, \quad B_2 = \frac{2(p+q))}{1+(p+q)^2}
$$

ここで (8.22), (8.24) 式で得られるフーリエ係数の 2 次成分から方位角誤差 p, q を以下のように導出することができる.

$$
(p-q)^2 = \frac{1-A_1}{1+A_1} \qquad (8.25)
$$

$$
C_1 = (p-q) = \frac{B_1}{2}\left[1 + (p-q)^2\right] = \frac{B_1}{2}\left[1 + \frac{1-A_1}{1+A_1}\right] \qquad (8.26)
$$

$$(p+q)^2 = \frac{1-A_2}{1+A_2} \tag{8.27}$$

$$C_2 = (p+q) = -\frac{B_1}{2}\left[1+(p+q)^2\right] = -\frac{B_2}{2}\left[1+\frac{1-A_2}{1+A_2}\right] \tag{8.28}$$

$$p = \frac{1}{2}(C_1 + C_2) \tag{8.29}$$

$$q = \frac{1}{2}(C_1 - C_2) \tag{8.30}$$

この結果より，ストレート配置および，斜入射配置で受信電力を測定することにより方位角誤差を修正できることがわかる．以下この修正のための手順をまとめると下記のようになる．

1. 手動で送受信アンテナを方位角 0 度に設定する．(このとき，まだ方位角誤差 p, q が存在する．)
2. ストレート配置での受信器側の各方位角での受信電力を測定する．
3. 測定値をフーリエ解析し，2 次成分 A_1 および B_1 を導出する．
4. 金属板を配置し，斜入射における受信器側の各方位角での受信電力を測定する．
5. 測定値をフーリエ解析し，2 次成分 A_2 および B_2 を導出する．
6. (3)，(5) で得られた A_1, B_1, A_2, B_2 から方位角誤差 (p, q) を計算し送受信アンテナを再調整する．

8.3.4 補正法

図 8.13 は試料無しかつストレート配置で受信電力の検出器方位依存性を測定し，そのフーリエ係数を計算したものである．この図より理論的には 2 次の係数のみのはずであるが，6 次まで無視できない成分が存在していることがわかる．ホーンアンテナを含めて一般の測定では，電波の広がりのために検出器で反射電波の全てを捕捉できない．このため，検出器を回転させることで，図 8.14 に示す誤差発生イメージをもとに考えると次の原因にもとずく誤差が発生すると想定される．

1. 反射波の強度分布に起因する成分 (2 次位まで)

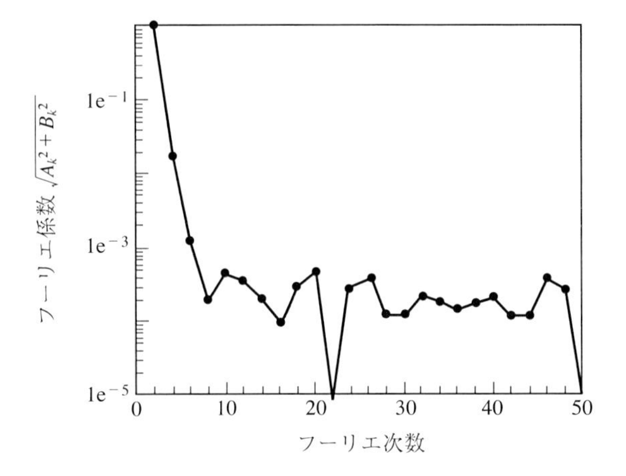

図 8.13　ストレート配置でのフーリエ係数

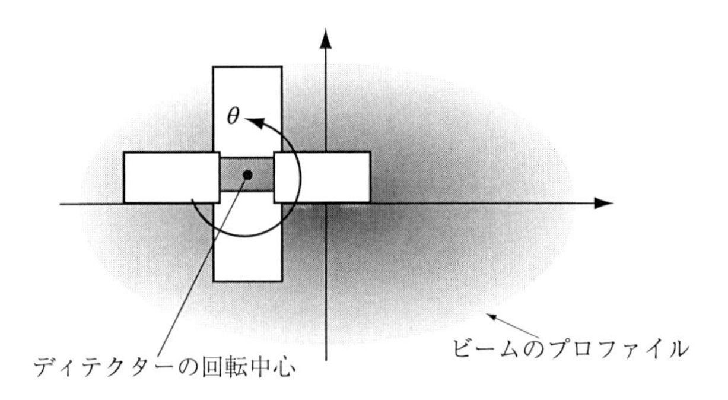

図 8.14　測定の軸ずれ誤差発生のイメージ

2. 検出器側ホーンアンテナ形状に起因する成分 (方形のため，かなり高次の成分まで存在)
3. 反射波の中心と受信器中心の軸ずれ (1 次のみ)
4. 受信アンテナの中心と回転中心の軸ずれ (1 次のみ)

これらは受信器の回転にともなって発生する，いわゆる高調波成分であるから，軸ずれ等に起因する係数を $C(\theta)$ として，実際の受信電力の測定結果を P とすると以下のように仮定することで補正することができる．

$$P = E \cdot C(\theta)$$

$$
\begin{aligned}
&= E_0\ (1+\alpha\cos 2\theta+\beta\sin 2\theta)\cdot[1+\Sigma(a_n\cos n\theta+b_n\sin n\theta)]\\
&= E_0\ [\ 1+\Sigma(a_n\cos n\theta+b_n\sin n\theta)\\
&\qquad +\alpha\cos 2\theta+\alpha\cos 2\theta\cdot\Sigma(a_n\cos n\theta+b_n\sin n\theta)\\
&\qquad +\beta\sin 2\theta+\beta\sin 2\theta\cdot\Sigma(a_n\cos n\theta+b_n\sin n\theta)\ ]\\
&= E_0\cdot F(\theta) \qquad (8.31)
\end{aligned}
$$

とおく．ここで，

$$
\begin{aligned}
\alpha\cos 2\theta\cdot a_n\cos n\theta &= \frac{\alpha a_n}{2}[\cos(n+2)\theta+\cos(n-2)\theta]\\
\alpha\cos 2\theta\cdot b_n\sin n\theta &= \frac{\alpha b_n}{2}[\sin(n+2)\theta+\sin(n-2)\theta]\\
\beta\sin 2\theta\cdot a_n\cos n\theta &= \frac{\beta a_n}{2}[\sin(n+2)\theta-\sin(n-2)\theta]\\
\beta\sin 2\theta\cdot b_n\sin n\theta &= -\frac{\beta b_n}{2}[\cos(n+2)\theta-\cos(n-2)\theta]
\end{aligned}
$$

であるから，$F(\theta)$ は

$$
\begin{aligned}
F(\theta) = 1 &+ \frac{1}{2}\alpha a_2+\frac{1}{2}\beta b_2\\
&+\frac{1}{2}(\alpha a_4+\beta b_4+2\alpha+2a_2)\cos 2\theta\\
&+\frac{1}{2}(\alpha b_4-\beta a_4+2\beta+2b_2)\sin 2\theta\\
&+\frac{1}{2}\Sigma[\{(\alpha a_n+a_{n+2}+\alpha a_{n+4})-(\beta b_n+\beta b_{n+4})\}\cos(n+2)\theta]\\
&+\frac{1}{2}\Sigma[\{(\beta a_n+\beta a_{n+4})+(\alpha b_n+b_{n+2}+\alpha b_{n+4})\}\sin(n+2)\theta]
\end{aligned}
\qquad (8.32)
$$

となる．ここで，両辺を $1+(1/2)\alpha a_2+(1/2)\beta b_2$ で割り，左辺を $f(\theta)$ とすると，次のようになる．

$$
f(\theta) = 1+\left\{\frac{\alpha+a_2+(1/2)\alpha a_4+(1/2)\beta b_4}{1+(1/2)\alpha a_2+1+(1/2)\beta b_2}\right\}\cos 2\theta
$$

$$+\left\{\frac{\beta+b_2-(1/2)\beta a_4+(1/2)\alpha b_4}{1+(1/2)\alpha a_2+1+(1/2)\beta b_2}\right\}\sin 2\theta$$

$$+\Sigma\left\{\frac{a_{n+2}+(1/2)\alpha a_n+(1/2)\alpha a_{n+4}-(1/2)\beta b_n+(1/2)\beta b_{n+4}}{1+(1/2)\alpha a_2+1+(1/2)\beta b_2}\right.$$
$$\left.\cdot\ \cos(n+2)\theta\right\}$$

$$+\Sigma\left\{\frac{b_{n+2}+(1/2)\beta a_n-(1/2)\beta a_{n+4}+(1/2)\alpha b_n+(1/2)\alpha b_{n+4}}{1+(1/2)\alpha a_2+1+(1/2)\beta b_2}\right.$$
$$\left.\cdot\ \sin(n+2)\theta\right\}\quad (n\geq 2) \tag{8.33}$$

ここで，偶数次数の A_n，B_n は以下のようになる．

$$A_{n+2}=\frac{a_{n+2}+(1/2)\alpha a_n+(1/2)\alpha a_{n+4}-(1/2)\beta b_n+(1/2)\beta b_{n+4})}{1+(1/2)\alpha a_2+(1/2)\beta b_2} \tag{8.34}$$

$$B_{n+2}=\frac{b_{n+2}+(1/2)\beta a_n-(1/2)\beta a_{n+4}+(1/2)\alpha b_n+(1/2)\alpha b_{n+4}}{1+(1/2)\alpha a_2+(1/2)\beta b_2} \tag{8.35}$$

以上のように変形した受信電力において，2 次の成分のみに着目すると，

$$A_2=\frac{\alpha+a_2+(1/2)\alpha a_4+(1/2)\beta b_4}{1+(1/2)\alpha a_2+(1/2)\beta b_2} \tag{8.36}$$

$$B_2=\frac{\beta+b_2-(1/2)\beta a_4+(1/2)\alpha b_4}{1+(1/2)\alpha a_2+(1/2)\beta b_2} \tag{8.37}$$

となる．偶数次数の A_n，B_n に関する方程式は $(n+2)$ 次までで $n+2$ 個であるが，未知数は α，β および a_2，$b_2,\cdots,a_{n+4}$，b_{n+4} の $n+6$ 個であるため，このままでは解くことができない．しかし，回転に伴って発生する高調波成分の大きさは小さいため，

$$a_{n+2}=a_{n+4}=b_{n+2}=b_{n+4}=0$$

とおくことができ，方程式を解くことが可能になる．実際の計算においては，初期値として

$$\alpha=A_2\ \ ,\ \ \beta=B_2$$

$$a_{n+2}=a_{n+4}=b_{n+2}=b_{n+4}=0\ \ (n\ \text{は補正の次数})$$

を代入し，(8.34), (8.35) 式を用いて順次 a_n, b_n $\cdots$ a_2, b_2 を求め，最後に (8.36), (8.37) 式を用いて α, β を計算し，さらにこの α, β を用いて再び一連の計算を繰り返すことによって補正された α, β を求める．

以上の補正法について一例として，方位角 θ を 0 度から 5 度ずつ 355 度まで変化させ，周波数 55GHz，発振レベル 10dBm，ストレート配置 ($\phi = 90$ 度)，試料無しの状態で受信電力を測定し，測定結果から補正前と補正後の $\beta = \sin 2\Psi \cdot \cos\Delta$ を求めることにより補正の効果について検討してみる．その補正の効果は表 8.1 に示すように補正後の値が 10^{-4} オーダーで理論値 $\beta = \sin 2\Psi \cdot \cos\Delta = 1$ (Ψ, Δ の定義より) とほぼ一致することが確認でき，このことより，軸ずれなどに起因する誤差が補正可能であることを確認できる．

表 8.1 補正の効果

補正回数	$\sin 2\Psi \cdot \cos\Delta$	誤差
補正無し	1.0038590	0.0038590
1 回目	1.0008220	0.0008220
2 回目	1.0008470	0.0008470
3 回目	1.0008480	0.0008480
4 回目	1.0008480	0.0008480
5 回目	1.0008480	0.0008480

8.3.5 測定例

(a) 測定例 1

以上に述べた測定法に基づいて，実際に材料定数を求めてみる．試料には損失材として，ゴムにケッチェンブラックを含有量させた 15 × 15cm の平板試料を用意し，前節の測定の手順により，図 8.15 の流れに沿って測定を行う．以下順をおって説明する．

送信側ユニットを 45 度方位にセットし，試料に対して送信し，受信側ユニットを 0 度から 355 度まで 5 度おきに回転させ，各方位における受信電力を測定

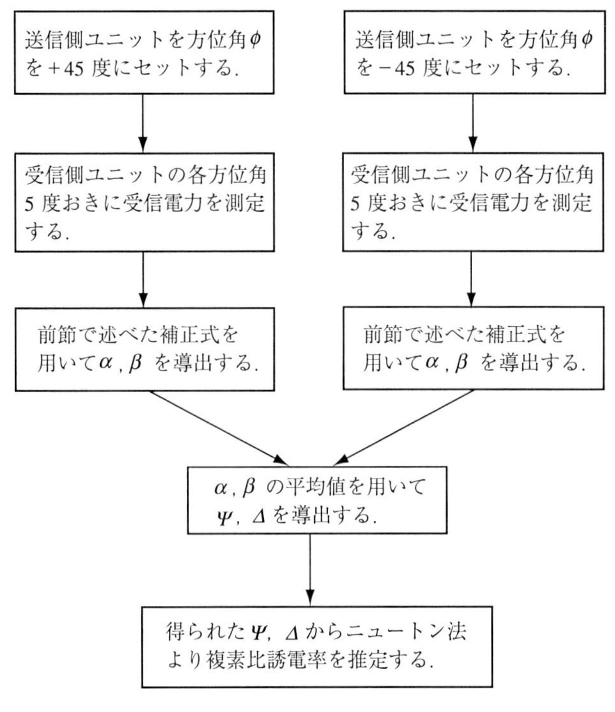

図 **8.15**　測定チャート

する．測定結果を図8.16に示すが，このデータを基に(8.36)式および(8.37)式を用いて α, β を導出する．

$$\alpha = -0.5499325, \quad \beta = -0.822522$$

同様に送信ユニットを-45度方位にした場合の α, β を導出する．

$$\alpha = -0.5166757, \quad \beta = -0.8337183$$

α, β それぞれについて平均値を求める．

$$\alpha = \frac{-0.5499325 - 0.5166757}{2} = -0.5333041$$

$$\beta = \frac{-0.822522 - 0.8337183}{2} = -0.82812015$$

この値から，(8.18)式および(8.19)式を用いて Δ, Ψ を導出する．

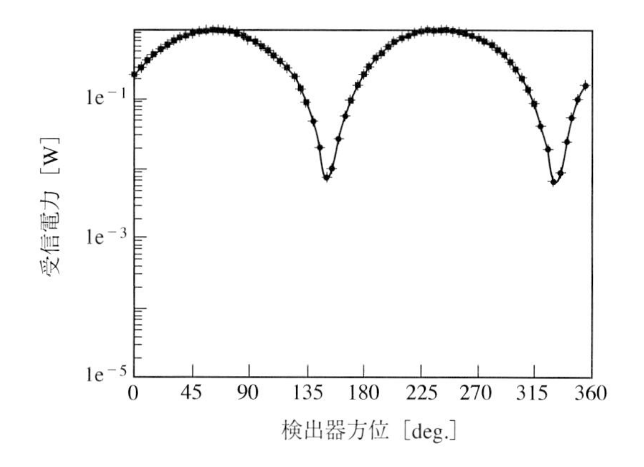

図 8.16 受信電力の測定例

$$\Delta = \cos^{-1}\left(\frac{-0.82812015}{\sqrt{1-(-0.5333041)^2}}\right) = 168.686$$

$$\Psi = \frac{1}{2}\cos^{-1}(-(-0.5333041)) = 28.886$$

この得られたΨ, Δと反射係数から(8.3)式から理論的に導出されたΨ, Δとの残差が最小になるような複素比誘電率の実部と虚部をニュートン法により逆推定すると次の値を得る．

$$\varepsilon_r' = 12.60, \quad \varepsilon_r'' = 8.288$$

(b) 測定例 2

ゴムにカーボンブラックを混入した損失材料の測定を行う．試料の寸法は120 × 120 × 1.07mm(厚み分布± 0.08mm)，測定条件は周波数60GHz，入射角度55度とする．

± 45度方位での測定を5回行った結果と各回の平均値を表8.2に，受信電力の測定例を図8.17示す．Ψ およびΔの繰り返しの測定精度は0.05であり，また厚み分布が無いとすると誘電率測定の精度は0.02〜0.03である．

表 8.2　測定結果

測定回数	Ψ(deg)	Δ(deg)	ε_r'	ε_r''
1	24.996	163.898	7.477	5.680
2	24.996	163.871	7.470	5.684
3	25.011	163.811	7.460	5.703
4	24.973	163.920	7.473	5.660
5	24.883	163.905	7.436	5.605
平均値	24.972	163.881	7.463	5.666
標準偏差	0.05	0.04	0.015	0.034

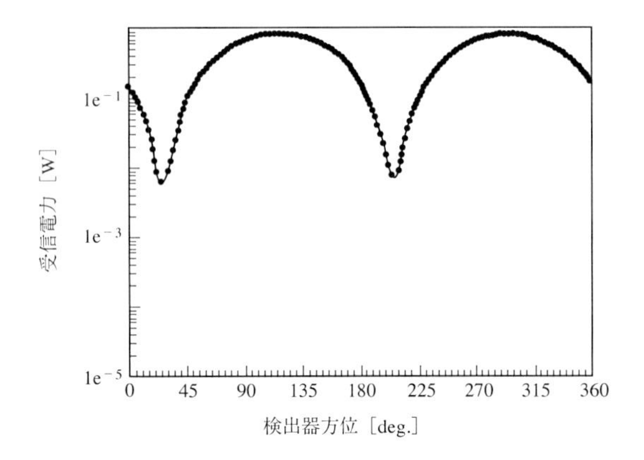

図 8.17　受信電力の測定例

参考文献

[1] 電気学会, “電気学会技術報告 第 811 号” (2001).

[2] 続山 浩二，上原 義人，江田 昭: “エリプソメトリー法を用いたミリ波帯誘電率測定方法の検討”, 電子情報通信学会全国大会, C-2-103 (1999).

[3] 酒井 泰二，大友 直樹，続山 浩二，橋本 修: “エリプソメトリー法を用いたミリ波帯誘電率測定方法の検討”, 電子情報通信学会全国大会, B-4-69 (2002).

[4] 国府田 隆夫: “光物性測定技術”, 森北出版 (1996).

[5] 田幸 敏治: “光学的測定ハンドブック”, 朝倉書店, pp.256–265 (1981).

[6] W.A. シャークリフ: “偏光とその応用”, 共立出版 (1965).

[7] 酒井 泰二，続山 浩二，橋本 修：“エリプソメトリー法を用いたミリ波帯誘電率推定法の基礎検討”, 信学技報，EMCJ2002-1, p.1-6 (2002).

索　引

■は行■

■ま行■

■や行■

■ら行■

著者略歴

橋本　修 (はしもと・おさむ)

1978 年　電気通信大学大学院修士課程修了
1978 年　株式会社 東芝
1981 年　防衛庁技術研究本部第 1 研究所
1986 年　東京工業大学大学院博士課程修了
1989 年　防衛庁技術研究本部第 2 研究所 主任研究官
1991 年　青山学院大学理工学部電気電子工学科 助教授
1997 年　同　教授
現在に至る (工学博士)

専　門　環境電磁工学，生体電磁工学，マイクロ波・ミリ波測定

主要著書

例題で学ぶ電気・電子工学のための応用数学 (リアライズ社，1995)
FDTD 時間領域差分法入門 (森北出版，1996)
電波吸収体入門 (森北出版，1997)
マイクロ波・ミリ波帯における測定技術 (リアライズ社，1998)
新しい電波工学 (培風館，1998)
電気・電子工学のための数値計算法入門 (総合電子出版，1999)
電波吸収体のはなし (日刊工業新聞社，2001)　他

高周波領域における
材料定数測定法

© 橋本　修　*2003*

2003 年 8 月 26 日　第 1 版第 1 刷発行

【本書の無断転載を禁ず】

著　　者　橋本　修
発 行 者　森北　肇
発 行 所　**森北出版株式会社**
東京都千代田区富士見 1–4–11(〒 102–0071)
電話 03–3265–8341 ／ FAX 03–3264–8709
自然科学書協会・工学書協会　会員
http://www.morikita.co.jp/
JCLS < (株) 日本著作出版権管理システム委託出版物>

落丁・乱丁本はお取替えいたします　　印刷/モリモト印刷・製本/協栄製本

Printed in Japan /ISBN4–627–79161–5

高周波領域における
材料定数測定法［POD版］
©橋本　修　*2003*

2021年9月30日　発行
【本書の無断転載を禁ず】

著　　者　橋本　修
発 行 者　森北博巳
発 行 所　森北出版株式会社
東京都千代田区富士見1-4-11（〒102-0071）
電話 03-3265-8341／FAX 03-3264-8709
https://www.morikita.co.jp/

印刷・製本　大日本印刷株式会社

ISBN978-4-627-79169-5／Printed in Japan

JCOPY ＜(一社)出版者著作権管理機構　委託出版物＞